AF459321

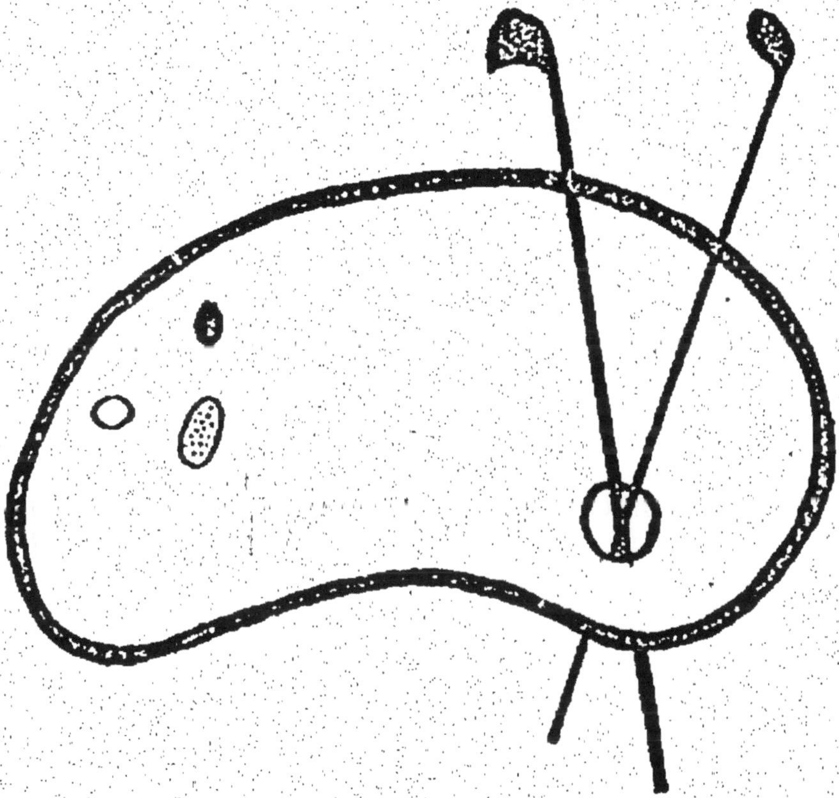

# L'HABITATION POPULAIRE

*L'Habitation Populaire et l'Extension des Villes d'après les récents congrès*

*Le développement des Habitations à Bon Marché dans la Région de l'Est*

Par M. Georges HOTTENGER

*Extraits des Bulletins nos 117 et 122 de la Société Industrielle de l'Est*

IMPRIMERIES RÉUNIES DE NANCY

1915

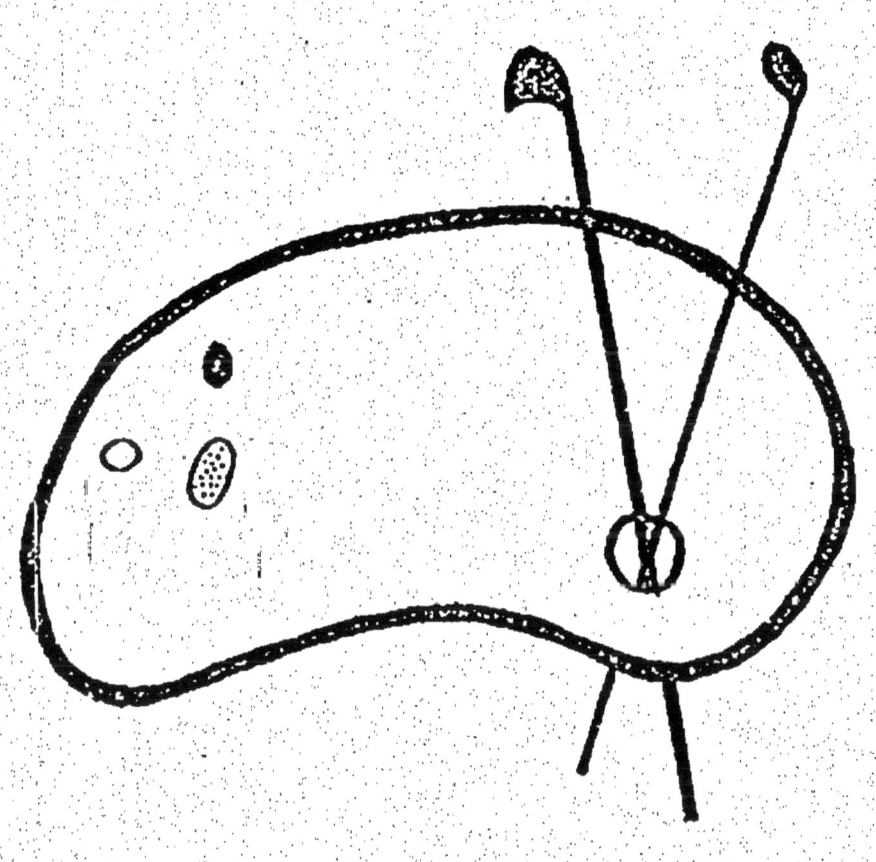

FIN D'UNE SERIE DE DOCUMENTS
EN COULEUR

# L'HABITATION POPULAIRE

## L'HABITATION POPULAIRE ET L'EXTENSION DES VILLES

### d'après les récents Congrès (1)

MESSIEURS,

La plupart des institutions humaines où s'épanouit la vie publique, de même que celles où s'affirme l'initiative des collectivités, publiques ou privées, ont entre elles un trait commun : c'est que longtemps on a pu vivre sans elles, longtemps les intérêts qu'elles servent et les besoins auxquels elles répondent n'ont point dépassé le cadre de la vie privée, et d'elles-mêmes y ont trouvé leur propre satisfaction. Mais un jour est venu où les conditions d'existence se sont transformées et compliquées, et de cette complication nouvelle ont surgi, sous une forme urgente et imprévue, des questions qui, par leur nature, semblaient devoir rester à jamais étrangères à l'intérêt général et à l'action collective. C'est cette traditionnelle expérience que nous voyons se répéter aujourd'hui en matière d'habitation populaire et d'extension des villes.

On peut dire que la question est née d'hier, bien que l'habitation, la possession d'une demeure et d'un foyer, soit l'un des besoins essentiels de la vie humaine. Elle est née, cette question, au cours du siècle dernier, avec le développement de l'industrie et l'énorme accroissement qui en est résulté pour un grand nombre d'agglomérations urbaines. Faut-il, une fois de plus, faire le tableau des abus que cause l'extension désordonnée des villes, et, bien pis encore, des maux qu'entraîne le surpeuplement des quartiers populaires? Manifestement, aux circonstances nouvelles doivent répondre une réglementation et un ensemble d'initiatives telles que ne pouvaient les concevoir les générations qui nous ont précédés. Sur ce principe.

(1) Communication faite le 11 février 1914 au *Comité de Législation Industrielle et d'Économie sociale.*

tout le monde est d'accord, mais comment procéder? La multiplicité même des mesures législatives proposées ou adoptées dans tous les pays, l'abondance des études, des publications et des débats dont elles sont l'objet, prouvent que nous en sommes encore à cette période à la fois hésitante et laborieuse, qui marque généralement la naissance et la croissance de toute institution humaine. Et c'est cela même qui fait l'intérêt de la question et révèle sa pressante actualité.

## § I

Quatre Congrès se sont réunis dans ces derniers mois, qui tous avaient pour objet plus ou moins exclusif la question de l'habitation et de l'extension des villes. C'est d'abord le « *Premier Congrès international des Villes* », tenu à Gand du 27 juillet au 2 août 1913; puis le « *IV*[e] *Congrès international d'Assainissement et de Salubrité de l'Habitation* », tenu à Anvers du 31 août au 7 septembre, et le « *X*[e] *Congrès des Habitations à bon marché* », tenu à Scheveningue- La Haye, du 8 au 13 septembre; et, enfin, un « *Congrès des Hygiénistes municipaux* », tenu à Turin et Milan, du 28 septembre au 5 octobre. Comme vous le voyez, sur ces questions comme sur tant d'autres, l'habitude en est prise, et les Congrès se succèdent comme les anneaux d'une chaîne sans fin. Leurs programmes chevauchent les uns sur les autres, bien que chacun revendique quelque part son domaine exclusif, sans nullement s'interdire d'empiéter sur le domaine voisin. Est-ce un bien? Est-ce un mal? Et, d'une façon générale, à quoi servent les Congrès ? Certains esprits sceptiques plaisantent ces réunions et contestent leur utilité. A ces questions répondra le compte rendu, que je viens vous faire, des trois Congrès auxquels j'ai assisté, en même temps qu'il pourra vous donner un aperçu des idées et des initiatives qui ont cours à l'étranger, et particulièrement en Hollande, en matière d'habitation et d'extension urbaine.

Le Congrès de Gand était divisé en deux sections : construction des villes et organisation communale, siégeant séparément. Leur programme révélait un défaut assez commun dans les Congrès : c'est la conception encyclopédique, qui pousse les organisateurs à étendre leur champ d'étude indéfiniment, indistinctement. Il en résulte que les questions traitées n'ont pas entre elles un lien suffisant, sans compter que les questions oiseuses se mêlent aisément aux questions intéressantes. Je dois pourtant reconnaître que la première section surtout posait bon nombre de questions sinon bien neuves, du moins d'un incontestable intérêt pour l'esthétique et l'hygiène urbaine.

Somme toute, ce premier Congrès des villes a été un succès, et nul doute que la Commission permanente qui a été formée alors, ne lui donne, à sa prochaine réunion, l'homogénéité et la précision qui manquaient à certaines parties de son programme.

Le Congrès de Gand se flattait d'avoir près de lui sa « leçon de choses », où, si l'on veut, son champ d'expériences dans l'Exposition comparée des villes, comprise dans l'Exposition universelle qui avait lieu alors. Malheureusement, l'organisation de cette exposition urbaine avait été confiée à un esprit singulier, qui peut exercer son ascendant à l'étranger, mais pour lequel tout Français « né malin », ne peut éprouver que scepticisme et ironie. Que penser de ces conceptions grandioses, qui, voulant nous faire suivre l'évolution de la vie urbaine en tout pays, de l'antiquité à nos jours, se traduisaient, en fait, surtout par des affiches-réclames, des cartes postales, des photographies usagées, des esquisses d'un symbolisme inquiétant. Que dire de ces nébuleuses extravagances qui, finalement versaient dans le bric-à-brac?

Du Congrès d'Anvers, je ne vous dirai que quelques mots. Il s'était spécialisé dans l'hygiène maritime, hygiène du matelot et de l'émigrant, hygiène des ports. Autant de questions fort intéressantes sans doute, fort bien choisies pour une ville comme Anvers mais assez peu faites pour retenir l'attention des terriens comme vous et moi. Les sections de ce Congrès ne siégeaient pas toutes ensemble; elles avaient chacune leur jour. L'hygiène urbaine n'avait qu'une seule section et un seul jour. Des mémoires présentés, un seul mérite d'être cité, c'est un travail sur l'expropriation pour cause d'insalubrité. Il fut présenté par son auteur, un avocat à la Cour de Cassation, et ses conclusions furent soutenues avec beaucoup d'autorité par un congressiste mystérieux, qu'on n'avait point encore vu, et qui disparut aussitôt après, en compagnie de l'auteur du rapport. Que signifiaient cette apparition et cette éclipse rapide? J'aurai occasion de vous le dire en terminant.

Le Congrès de La Haye dépasse de beaucoup, dans mon esprit, le souvenir des deux Congrès dont je viens de vous parler. Il a eu sur ceux ci une foule d'avantages, qui rendent bien difficile toute comparaison : le nombre des adhérents, l'excellence de l'organisation, l'éclat des réceptions et l'intérêt des excursions dont il fut l'occasion, l'importance des rapports qui furent présentés, enfin la beauté et l'ampleur du cadre qui lui avait été réservé. Scheveningue, beaucoup d'entre vous le savent, sans doute, est la plage fashionnable de la Hollande, aux portes de La Haye, et son Kursaal, avec sa grande salle et ses salons, était, pour ce genre de réunions, un cadre véritablement idéal.

Le Congrès reçut 860 adhésions, ce qui donna 600 à 650 présences, présences à la séances d'ouverture, aux réceptions et aux banquets. Quant aux séances ordinaires, vous vous doutez bien que que c'était une tout autre affaire, et, d'ailleurs, à se passer devant une moins nombreuse assistance, ces séances n'avaient rien à perdre en calme et en sérieux.

Vous décrirai-je en détail les réceptions qui furent données en notre honneur : réception du Congrès par le gouvernement des

Pays-Bas, dans l'antique salle des chevaliers, au Binnenhof, banquet de 650 couverts, offert par la ville de La Haye, dans la grande salle du Kurhaus? Vous redirai-je la journée si agréable, si intéressante et si bien remplie que nous passâmes à Amsterdam, où nous fûmes les hôtes de la municipalité, où, après un repas brillamment servi, nous fûmes conduits en voitures par les quartiers de la ville, en quatre groupes de vingt-cinq voitures chacune? Notre visite se termina par un tour en bateau dans le port d'Amsterdam : ce port, nous le vîmes par un admirable crépuscule, qui reportait notre pensée bien loin de la mer du Nord, vers Venise et les rives enchanteresses de l'Adriatique.

Dans ces réunions internationales, il y a, pour le Français, une jouissance toute particulière : c'est de constater la prééminence que conserve sa langue maternelle, le rôle qu'elle joue, à proprement parler, comme langue universelle. Le français était la langue officielle du Congrès, et c'est en français qu'au cours des visites et excursions, étaient données les explications et les indications pratiques. J'ajoute que ces explications, nos hôtes, les membres du Comité et du Secrétariat du Congrès, les résumaient bénévolement en anglais et en allemand, car, comme tous les peuples dont la langue a un rayon peu étendu en dehors de leurs propres frontières, les Hollandais sont aisément polyglottes, et il n'est point, chez eux, d'éducation complète sans la connaissance de plusieurs langues étrangères. Au secrétariat, les commissaires, parmi lesquels plusieurs dames et jeunes filles, répondaient indistinctement en français, en anglais ou en allemand, aux questions qu'on leur posait. Qu'il me soit permis, en passant, de rendre à leur obligeance et à leur amabilité, un témoignage reconnaissant. Je dois une mention spéciale au président du Congrès, M. D. Fock, ancien ministre des Colonies, qui prononça son discours d'ouverture en français, puis, s'adressant aux délégués allemands, anglais et italiens, leur souhaita la bienvenue successivement, avec la plus grande aisance, chacun dans la langue de leur pays.

Mais tout cela sont les à-côté du Congrès. Quelle physionomie avaient les séances, et quelle était la portée des débats?

Il est une objection courante contre les Congrès internationaux contre ceux du moins qui traitent de questions ne pouvant en fait recevoir leur application que des prescriptions d'une législation nationale : c'est que leurs débats ne peuvent aboutir qu'à des vœux généraux, à des décisions de principe, auxquelles échappent nécessairement ces multiples contingences qui déterminent partout la vie locale et sa règlementation. Sans doute, mais à côté ou plutôt à la base de toute législation, il y a cet ensemble d'opinions et d'expériences, lesquelles en se condensant, en se coordonnant, deviennent la doctrine, et s'imposent au législateur, quels que soient les détails de l'adaptation à la vie locale. C'est bien cette vérité qui s'est dégagée du Congrès dont nous parlons : sur chacune des questions qui lui étaient soumises, la doctrine s'est affirmée au milieu d'une quasi unanimité. Il faut bien convenir que toutes ces questions ne se présentent qu'avec de faibles variantes d'un pays à l'autre, et au demeurant, c'est bien ici que les mêmes causes produisent partout les mêmes effets et imposent les mêmes conclusions.

C'est une dame, M^me Van der Pek-Went, membre de la Commission d'hygiène d'Amsterdam, qui s'était chargée du rapport général sur la première question, « amélioration et démolition des logements insalubres ». Elle mit en lumière cette vérité que l'autorité chargée de veiller à la salubrité ne doit pas seulement intervenir dans les cas qui lui sont révélés par telle ou telle maladie ou sur l'indication des habitants, mais qu'elle doit surtout exercer un contrôle permanent, une surveillance active sur les habitations populaires, de manière à les maintenir constamment dans un état satisfaisant de salubrité. Les prescriptions de l'autorité doivent avoir leur sanction dans l'interdiction d'habiter. Mais cette interdiction n'est possible en pratique que si on tient compte des diverses conséquences qu'elle entraîne et des initiatives qu'elle impose en stricte équité. C'est entre autres, la nécessité, ou du moins l'utilité pour les autorités locales de venir en aide aux propriétaires peu fortunés, sous forme notamment de prêts à long terme, pour les mettre à même d'exécuter les travaux d'assainissement reconnus indispensables. Le rapport mit aussi en lumière la nécessité d'indemniser en quelque mesure les locataires des logements mis en interdit et de n'entreprendre d'expropriations de quelque importance qu'à la condition d'assurer, autant que possible dans le voisinage même, à une partie au moins de la population expropriée un logement convenable et à des prix sensiblement égaux à ceux qu'elle payait auparavant. Toutes ces observations furent soulignées par la quasi-unanimité des orateurs. Là où le débat s'anima, ce fut sur la question de l'expropriation pour cause d'insalubrité : Dans quelles conditions peut-elle ou doit-elle se faire? « Il n'est dû, affirme le rapporteur, aucune indemnité de dépossession. Le propriétaire exproprié ne doit recevoir que la valeur *sanitaire* de son immeuble et, si cet immeuble n'est pas réparable, on lui paiera tout simplement le prix du terrain et les matériaux. C'est la loi anglaise depuis plus de vingt ans. C'est aujourd'hui la loi hollandaise. » Ajoutons que c'est la décision qui s'impose à tous les esprits qui ne s'arrêtent pas à une conception toute abstraite de la propriété : l'intérêt général doit nécessairement l'emporter sur des intérêts particuliers qui s'exercent en contradiction avec lui, et dans des conditions dangereuses pour la santé publique. C'est, au surplus, le principe de la loi déjà votée par notre Chambre des députés et actuellement soumise à l'approbation du Sénat. Souhaitons qu'en dépit de l'opposition bruyante et tenace de certains intéressés, cette dernière assemblée ne tarde pas à se prononcer et à se rallier aux conclusions de la grande majorité du Congrès.

De la seconde question du programme, « l'Amélioration de l'habitation rurale », nous ne dirons que deux mots : du rapport et des communications faites au Congrès, il apparaît bien que cette question tient à l'étranger une beaucoup plus grande place que chez nous. Dans nos campagnes, l'intervention de l'autorité se limite, ou peu s'en faut, au cas d'épidémie. A l'étranger, on tend de plus en plus à étendre à l'habitation rurale les mêmes prescriptions et les mêmes initiatives que pour l'habitation urbaine.

La troisième question : « les Habitations surpeuplées », se rapproche beaucoup de la première. Les conséquences de l'encombrement sont trop connues, les maux qu'il engendre sont trop graves pour que de toutes parts on ne s'efforce d'y porter remède. Il est du devoir des autorités locales et des pouvoirs publics de venir en aide aux familles nombreuses et besogneuses. Une rigoureuse réglementation des conditions de l'habitation, une surveillance active s'impose, partout où cette aide aura été consentie, de façon à prévenir toute nouvelle infraction à l'hygiène.

La quatrième question portait sur la « réglementation légale de l'extension des villes ». Je ne vous étonnerai pas, je crois, en vous disant que c'était celle qui présentait pour moi le plus grand intérêt. J'ai entendu là reproduire et défendre, sans rencontrer aucune contradiction sérieuse, toutes les idées que j'avais l'honneur de développer, l'an dernier, devant vous : je ne vous les ai pas données d'ailleurs comme ayant le mérite de l'originalité et d'une invention personnelle.

L'obligation d'avoir des plans d'extension s'impose partout avec une incontestable urgence : pour exécuter ces plans, les villes doivent bénéficier de facilités spéciales et, avant tout, d'un droit d'expropriation qui leur permette d'acquérir, sans écraser leur budget, tous les terrains nécessaires à la création de larges artères et d'espaces libres, à la construction d'édifices publics. Leurs acquisitions doivent même aller au delà de ce qui est nécessaire et porter sur tout ou partie des terrains que l'extension fait ou fera bénéficier d'une plus-value. En conséquence, la collectivité a des droits sur cette plus-value, tandis que les propriétaires qui en bénéficient n'en ont généralement aucun.

Mais de leur côté les propriétaires doivent pouvoir user de leurs terrains conformément aux indications des plans existants, et au besoin pouvoir provoquer l'extension de ces plans, de façon à ce que l'utilisation des terrains se fasse dans tout le périmètre des villes en conformité avec l'intérêt public.

Ces principes ne rencontrèrent aucune contradiction sérieuse dans l'assemblée. La discussion mit encore en lumière un certain nombre de questions de nature à favoriser l'exploitation des terrains à bâtir et l'harmonie de la construction, et surtout l'échange forcé des parcelles insuffisantes par elles-mêmes pour recevoir des constructions esthétiques ou salubres.

Mais pour cela comme pour tout ce qui concerne l'extension urbaine, il faut une législation spéciale. Cette législation, presque tous les pays d'Europe l'ont aujourd'hui, plus ou moins récente et plus ou moins complète, tandis que chez nous, tout fait craindre que nous l'attendions longtemps encore, et pendant ce temps, dans nos villes grandissantes, les constructions continueront à s'élever sans ordre général et sans méthode, créant souvent pour l'hygiène des périls redoutables et pour l'avenir des agglomérations de difficultés insurmontables. Malgré l'optimisme officiel dont il fait preuve, M. G. Risler, qui s'était chargé du rapport français sur cette question, n'a pu réussir à cacher la vérité et la déplorable insuffisance de la législation actuelle.

Un fait digne de remarque, c'est que de l'objet originaire du Congrès, des Habitations à Bon Marché elles-mêmes, il fut très peu question, soit dans les rapports, soit dans la discussion. Toutes les questions portèrent sur la réglementation administrative ou légale, et non point sur les initiatives publiques ou privées qui peuvent assurer l'habitation populaire. Sans doute la matière avait déjà été traitée aux précédents Congrès, mais elle est bien loin d'être épuisée. Quel est le rôle de l'Etat ? Le rôle des communes ? Entreprise directe ou subvention ?

Il y a surtout une initiative très intéressante qui, née en Angleterre, y grandit de jour en jour, ce sont les Sociétés de *Cooperative tenants*. C'est la coopération, non plus seulement entre propriétaires éventuels, se réunissant en vue de l'acquisition d'un foyer, mais entre locataires qui s'associent en forme coopérative, pour louer à une Société immobilière l'immeuble qui les abrite. Ces locataires arrivent par ce moyen à avoir tous les avantages de la propriété sans en avoir les risques (1).

En tout cas les congrès ne doivent pas se répéter et il reste un beau programme à remplir pour le prochain Congrès, qui se tiendra à Rome en 1916.

Bien souvent, c'est dans les rapports, mémoires et communications dont ils fournissent l'occasion que les Congrès trouvent leur meilleure justification. Sans nier l'intérêt des séances et l'importance des débats, on peut dire que c'est bien le cas du Congrès de La Haye.

Dix-sept nations y ont pris part et il n'a pas été présenté moins de 68 rapports, la plupart en français (mais quel français parfois!); réunis en trois volumes, d'ensemble plus de 1.500 pages, ils forment, à proprement parler, le répertoire international, la « somme » des questions portées au programme. Programme très vaste, à la vérité, puisqu'en simplifiant son titre, en devenant, pour toute autre nation que la France, le Congrès de l'habitation (2), le Congrès a donné à son objet une extension pour ainsi dire sans limites.

A la fin du programme, un avis engageait les rapporteurs à fournir surtout des faits et des données statistiques, et à résumer brièvement leurs conclusions. Certains rapporteurs n'ont pas eu la sagesse de suivre ce conseil et, perdant de vue le public international auquel ils s'adressaient, se sont attardés dans des discussions de

(1) Nous ne connaissons encore en France qu'une modeste tentative de ce genre, celle de la Société l'« Etoile », de Limoges.

(2) En Hollandais : *Wohning Congress* ; en Allemand ; *Wohnung Congress* ; en Anglais ; *Housing Congress*.

détail, d'une portée trop locale, quand il ne s'égaraient pas en de nébuleuses considérations. C'est bien en parcourant ces travaux qu'on apprend à mesurer la supériorité que donnent à l'esprit français ses qualités naturelles de précision et de clarté.

Quoi qu'il en soit, il y a là une mine de renseignements à exploiter, un amoncellement de matériaux qui, démêlés, classés et mis en œuvre, constitueraient un monument d'une grande valeur, et permettraient de dégager les types de législation et d'entreprises en matière d'habitation et d'extension urbaine, tels que les élabore en ce moment la commune expérience des nations. C'est à dépouiller tranquillement ces rapports, à en extraire la substance, que peut manifestement consister le meilleur travail du Congrès, travail individuel, œuvre lente et patiente, qui fait contraste avec le mouvement et l'allure plus ou moins incertaine des discussions générales. C'est là une expérience qui se renouvelle fréquemment, si bien qu'après la clôture d'un congrès, tout esprit sérieux a quelque raison de se dire : « Le Congrès est fini, c'est maintenant surtout qu'on va travailler! »

## § II

A un congrès tel que le Congrès de l'habitation, la Hollande offrait un intérêt tout particulier. Par l'extension de ses villes, par le nombre et l'importance des mesures et des initiatives prises en conséquence de cette extension, ce pays pouvait se présenter comme un champ d'expérience et d'application et, en plus d'un cas, donner l'exemple en même temps que la règle. C'est d'ailleurs, vous le savez, l'ambition des organisateurs de tout congrès, de ménager aux congressistes des excursions en rapport avec les questions étudiées. Cette ambition, les organisateurs du Congrès de la Haye trouvaient autour d'eux tout ce qu'il fallait pour lui donner pleine satisfaction.

Les Pays-Bas ne comptaient, en 1850, qu'une seule ville de plus de 100.000 habitants : Amsterdam, avec ses 220.000 âmes. Elle en compte quatre aujourd'hui : Amsterdam, Rotterdam, La Haye, Utrecht, avec 1.400.000 habitants, soit 233 pour 1.000 de la population du pays tout entier. Cette proportion n'est dépassée que par l'Angleterre (1). Vingt villes comptent plus de 30.000 habitants. Or, il arrive souvent, nous le verrons, que la nature du sol ne permet pas aux villes de se développer d'elles-mêmes avec la même facilité qu'ailleurs : de là des conditions spéciales, qui poussent au surpeuplement de l'ancienne agglomération. Ajoutons, d'autre part, que la Hollande possède, en matière d'habitation, une législation bien établie, arrivant aujourd'hui à cette période de maturité où on peut juger de la fécondité des prescriptions législatives. Enfin, la Hollande peut se flatter d'avoir, l'une des premières entre les nations, donnée l'exemple de l'initiative en matière de logement populaire, et,

---

(1) Cf. Congrès des Villes de Gand. — Rapport sur le progrès général des grandes villes en Europe, de 1800 à nos jours. Section II, page 57 et suivantes.

par une exception presque unique, elle a accordé une attention particulière à l'habitation rurale, et édifié dans ses campagnes des habitations populaires pour les ouvriers agricoles. Toutefois, cette dernière question ne nous retiendra pas : de peur d'étendre démesurément le champ de notre exposé, nous nous contenterons de l'indiquer. Aucune excursion du Congrès n'a eu, au surplus, pour objet la visite d'habitations rurales.

La Hollande mérite donc bien de retenir notre attention, et c'est à elle que je crois bon de consacrer la seconde partie de cette conférence.

Quelques mots tout d'abord sur la législation. La loi sur l'habitation date du 22 juin 1901. Elle s'inspire, dans son ensemble, de la loi anglaise, du *Housing Act* de 1890, et y ajoute, en matière d'extension urbaine, des dispositions empruntées aux lois allemandes. Embrassant son objet dans toute son étendue, elle ne comprend pas moins de dix sections, parmi lesquelles nous désignerons sommairement les sections suivantes :

La première section prescrit à chaque ville d'établir la réglementation de la construction: les règlements communément adoptés ont des exigences bien autrement grandes qu'à Nancy, notre ordonnance municipale de 1905. Notons qu'à Amsterdam, dans l'ancienne ville, aucun immeuble ne peut dépasser le double de la largeur de la voie sur laquelle il s'élève, et dans la ville nouvelle, c'est cette largeur même qui fixe la hauteur maxima : point de maison plus haute que la rue n'est large. En aucun cas, la hauteur ne peut excéder 21 mètres; donc, point de gratte-ciels et point de clochetons.

Les deuxième et troisième sections donnent aux municipalités les pouvoirs nécessaires pour combattre l'insalubrité des habitations et le surpeuplement; mais là comme ailleurs, dans les grandes villes, ces pouvoirs sont trop souvent paralysés par la pénurie de logements; et, à la vérité, peut-on agir vigoureusement là où les locataires du logement mis en interdit ne sont pas assurés de trouver ailleurs une autre habitation (1) ?

La cinquième section réglemente l'expropriation pour cause d'insalubrité; avant toute expropriation de ce genre, la commission d'hygiène détermine quels sont les logements qui, en raison de leur insalubrité, doivent être mis en interdiction et, pour les autres, quelles sont les améliorations indispensables. On procède ensuite à l'expropriation en tenant compte de ces décisions.

La sixième section réglemente l'extension des villes.

Les septième et huitième sections disposent de l'assistance financière que l'Etat, par l'intermédiaire des municipalités, peut fournir aux sociétés et associations reconnues ayant pour objet le logement populaire. Les villes peuvent construire elles-mêmes, mais, en fait, elles laissent le plus souvent ce soin aux sociétés privées qui, partout, font preuve d'une louable activité : nous retrouvons ici le

(1) Rapports du Congrès. Rapport de M. F. M. Wibaut sur le surpeuplement dans les Pays-Bas. II, p. 49 et suivantes.

système de la « liberté subsidiée », cher à nos voisins les Belges, système qui fait honneur au bon sens et à l'esprit pratique de tous ceux qui l'adoptent.

Nous avons visité les habitations populaires construites par les trois grandes villes de La Haye, Amsterdam et Rotterdam, celles de deux villes de moindre importance, Arnhem et Enschedé; enfin, un excellent type de cité-jardin récemment créé, à l'exemple de cités-jardins de Bournville et de Port-Sunlight, par une initiative patronale, la cité-jardin de « Het Lansink », près d'Hengelo (province d'Over-Yssel). Si rapides qu'elles aient été, ces diverses visites nous ont permis, dans leur ensemble, de reconnaître quelle place la question de l'habitation tient aujourd'hui dans les préoccupations et les initiatives de la nation hollandaise. J'ajoute que l'intérêt de ces visites a été renforcé par les rapports et les publications illustrées que chacune de ces municipalités avait eu le soin de préparer en vue de notre visite et dont elle remettait gracieusement un exemplaire à chaque congressiste.

Ville de résidence et de gouvernement, beaucoup plus que d'industrie, *La Haye* a pu rester longtemps étrangère à la question de l'habitation. Il a fallu le récent essor qui, de 156.829 habitants en 1885, l'a fait passer à 206.022 en 1899, 271.280 en 1909 et 294.672 en 1912, pour y faire sentir une pénurie de logements. Point de sociétés de constructions : la ville a fait construire 65 habitations à Scheveningue, en même temps qu'elle approuvait un plan très vaste, comprenant tout un quartier d'habitations populaires, qui doit s'élever sur les bords sud-ouest du canal de dérivation et qui ne comprendra pas moins de 658 maisons? Pour commencer, la ville en fit élever 172. Le type adopté n'a qu'un rez-de-chaussée et un étage de deux logements chacun (1).

La croissance de *Rotterdam* a été extrêmement rapide pendant le dernier quart de siècle. Cette croissance est la répercussion immédiate du développement industriel de la Westphalie et de la province rhénane, dont les produits vont s'écouler à Rotterdam en même temps qu'à Anvers. Rotterdam atteignait ses 100.000 habitants en 1855 et ses 200.000, trentre-quatre ans après seulement, en 1889; mais, depuis lors, elle s'est mise sur le pied d'une augmentation de 10.000 habitants, bon an mal an, passant ainsi à 309.309 habitants en 1899, à 411.635 en 1909 et à 446.897 en 1913. Dans ces conditions, pour une ville maritime et industrielle comme Rotterdam, le surpeuplement apparaît comme inévitable. Et pourtant, grâce à la vigilance de son administration, il ne semble pas que la ville aît

---

(1) Dans la luxueuse brochure que la Ville de La Haye a remise aux congressistes, nous notons en passant, bien que ceci sorte du sujet de notre communication, que cette ville exploite en régie les eaux, le gaz, l'électricité, le téléphone. Elle a, en outre, un service d'exploitation qui achète des terrains dans la zône d'extension et les revend. — En 1911, les recettes totales des régies étaient de 7.780.000 fr., et le produit net 2.270.000 fr. — Voir sur ces questions notre Conférence : « La Cité Moderne et ses fonctions ». Compte-rendu de l'Exposition de la Cité Moderne.

éprouvé du surpeuplement les funestes conséquences qui lui sont ordinaires. Dès avant l'époque de sa croissance, de 1840 à 1850, Rotterdam avait connu une situation hygiénique déplorable, qui maintenait autour de 35 pour 1.000 la moyenne de ses décès. Mais depuis lors, ajoute le rapporteur, cette moyenne, par un heureux contraste, n'a cessé de décroître, tandis que montait le chiffre de la population; elle était encore de 31,84 en 1870, de 22,96 en 1890, de 18,10 en 1900; elle n'a plus été que de 12,04 dans ces cinq dernières années, et même de 10,95 en 1912 (Cf. Rapport, page 28), inférieure aujourd'hui à la moyenne générale du pays qui est de 13,82.

Nous ne pouvons suivre le rapporteur et entrer avec lui dans le détail des mesures d'où sont sortis d'aussi beaux résultats. La mesure la plus urgente, disons-le pourtant, fut la construction d'un réseau d'égouts. En même temps, la ville veillait à son extension et, à ce sujet, voici ce que dit le rapport, écoutez bien : « Sans doute, à « part ses nouveaux boulevards, le plan de Rotterdam ne montre pas « cette belle unité qui eût été obtenue s'il s'était développé d'après « un projet général, sans tenir compte des vues particulières de « propriétaires ou d'exploitants. Et pourtant, quel respect n'éprouve-« t-on pas, lorsqu'on considère que tout ceci fut obtenu par des « négociations, par la seule persuasion, sans le secours d'aucune « loi! C'est le cas tout particulièrement des nouveaux quartiers de « l'Ouest, où, avant la loi de 1901 et ses prescriptions coercitives, « on a pu obtenir à l'amiable et sur des terrains particuliers, des « rues et des boulevards de 30, 40 et même 80 mètres de lar-« geur? » (1).

Une telle affirmation nous rend rêveurs, nous autres, habitants de Nancy, et, en tout cas, ne nous porte-t-elle pas à croire que les propriétaires fonciers de la périphérie de Rotterdam ont une autre mentalité que les propriétaires nancéiens?

Le type commun de la maison hollandaise est la maison à façade étroite à pignon pointu, élevée d'un ou deux étages au plus. Vers 1880, on a essayé, à Rotterdam, d'ajouter un troisième étage : cet essai n'a eu aucun succès. On peut dire qu'ici comme en Angleterre, les étages succèdent en quelque sorte en largeur, avec leur entrée sur la rue pour chacun, et non point en hauteur, comme chez nous. La grande maison à multiples étages ne se rencontre qu'à Amsterdam; encore ne dépasse-t-elle jamais quatre étages, puisque, d'après la réglementation de cette ville, la hauteur totale de l'immeuble ne peut excéder vingt-et-un mètres. Avec des maisons ne pouvant abriter qu'un petit nombre de locataires, il semblerait qu'à Rotterdam la question de l'habitation populaire eût dû se poser de bonne heure. Il n'en est rien, dit le rapport : « Malgré l'énorme accrois-« sement de la ville, c'est là un problème tout récent : jusqu'en « ces dernières années, l'industrie particulière du bâtiment a pu « subvenir à la demande croissante d'habitations; d'autre part, les

(1) Rapport de la Ville au Congrès page 28.

« augmentations successives de salaires permettaient à nombre d'ouvriers d'échanger leur ancien logis contre un nouveau d'un prix « plus élevé, laissant ainsi disponible, pour l'usage des classes « les plus pauvres, un assez grand nombre de vieilles habitations « d'un loyer réduit » (1).

Aujourd'hui encore, l'industrie privée construit assez régulièrement des habitations populaires, sans nullement se prétendre gênée par les prescriptions rigoureuses de la réglementation municipale. « Dans ces conditions, ajoute le rapport, la tâche des institutions « d'habitations populaires peut se borner, du moins dans son objet « principal, à la construction et à la gérance d'habitations dont « l'industrie particulière se soucie peu ou point, pour telle ou « telle raison : ce sont actuellement les habitations pour locataires « ne pouvant payer plus de 2 florins 50 par semaine. » (2).

Jusqu'en ces derniers temps, on ne comptait à Rotterdam que trois sociétés immobilières de peu d'importance, ayant pour objet l'habitation populaire : ces sociétés, fondées respectivement en 1891, 1895 et 1899, ont fait construire, jusqu'à ce jour, divers groupes d'habitation, d'ensemble 236 logements. Une société beaucoup plus importante et plus entreprenante, fondée en 1909, a déjà pu faire construire, à elle seule, quatre groupes d'ensemble 283 logements, plus spécialement destinés aux familles nombreuses. Cette récente initiative devra être suivie d'autres encore, car, d'après la statistique municipale, l'afflux constant de population nouvelle fait diminuer, depuis quelques années, la proportion des logements vacants (3).

C'est la coopération en matière d'habitation qui semble devoir prendre, à Rotterdam, un essor remarquable. Des associations coopératives se sont formées parmi les travailleurs municipaux, les fonctionnaires municipaux, les fonctionnaires de l'Etat, les employés des chemins de fer, les employés de tramways, et toutes ont entrepris des constructions en rapport avec les ressources dont dispose les adhérents Ajoutons qu'une société en formation toute récente a acheté, aux environs de la ville un terrain de 16 hectares, pour y établir, suivant la conception qui vit le jour en Angleterre, une cité-jardin qui comprendra 500 habitations. Enfin, une société industrielle, la « Société des Bassins de Radoub de Rotterdam », va entreprendre une fondation de ce genre sur un terrain que la ville lui a cédé en emphytéose, à proximité de ses ateliers.

L'entreprise toute récente dont se glorifie la ville de Rotterdam au point de vue de l'hygiène, c'est la démolition du quartier le plus malsain de la ville, celui de la Zandstraat, chaos de ruelles et d'impasses malfamées. Il a été abattu 309 maisons, comprenant 605 logements, couvrant 16.758 mètres carrés. Sur cet emplacement, on va édifier un nouvel hôtel de ville et l'hôtel des postes. L'opération

(1) Rapport de la Ville au Congrès, page 29.

(2) Rapport de la Ville au Congrès, page 34.(2 fl. 50 par semaine font 21 francs par mois)

(3) Rapport de la Ville au Congrès, page 48.

n'a pas coûté moins de 4.250.000 francs. La ville en projette une autre beaucoup plus importante, qui consisterait à démolir 552 immeubles dans l'ancienne ville, et à établir une large avenue qui la traverserait d'un bout à l'autre, faisant pénétrer partout l'air et la lumière. Cette opération coûterait plus de 15 millions de francs.

FONDATIONS D'UNE MAISON SUR PILOTIS.
Au fond, habitations populaires avec balcons intérieurs.

Le nombre des habitants d'*Amsterdam* a passé de 300.000, en 1877, à 586.000 en 1912, et il semble bien qu'ici, un tel accroissement n'ait pu survenir sans entraîner de surpeuplement. La situation de la ville, au milieu des polders, a empêché le développement de communes suburbaines, comme il en existe d'ordinaire dans la banlieue des grandes villes. L'agglomération offre l'aspect d'une masse bâtie non interrompue. Il y a pourtant nombre de gens qui habitent des localités éloignées et viennent chaque jour à Amsterdam, exercer leurs occupations. Mais en raison même de cet éloignement, ce sont tous des gens appartenant aux classes aisées, qui ont leur résidence à Haarlem, Bussum, Hilversum. En se généralisant, grâce à la facilité des transports, cette circonstance est même devenue fâcheuse pour la ville, car elle a nui au développement des quartiers riches et elle lui fait perdre, sur la taxe sur le revenu, la part qui devrait être la contrepartie des charges que lui impose l'accroissement de la population pauvre.

La population est très concentrée, sur les 4.630 hectares qu'occupe la ville. Non seulement les habitants ne peuvent se disperser dans la banlieue, mais ils ne peuvent essaimer dans la périphérie, et le polder commence partout où cesse l'agglomération. C'est que de lui-même, le sol, bas et marécageux, ne se prête pas à la construction. Il faut l'exhausser, le surcharger de sable et y planter des pilotis, avant de pouvoir construire. Dans ces conditions, le terrain à bâtir revient à un prix fort élevé, qui ne le met pas, tant s'en faut, à la portée de quiconque possède quelques économies. De plus, l'aménagement des nouvelles rues entraîne des dépenses analogues, que la ville fait entièrement supporter par les propriétaires riverains. On estime que la préparation du terrain, avec la contribution réclamée par la ville, met le prix du terrain à 10 florins (soit 21 francs) le mètre carré, dans les endroits les moins recherchés. D'aucuns même assurent qu'avec la hausse des prix, on ne peut plus aujourd'hui descendre en-dessous de 30 francs le mètre.

Autrefois, au cours du XVII^e^ siècle, il est arrivé que des quartiers se sont élevés sans que le terrain reçût aucun aménagement. Les sentiers du polder devenaient tels quel des rues, rues naturellement très étroites, et les îlots trop larges formés par ces sentiers se remplissaient de maisons élevées au hasard; c'était un enchevêtrement de cours et d'impasses, où l'air et la lumière pouvaient à peine pénétrer. Telle fut l'origine des quartiers juifs d'Uilenbourg et de Marken, dont Edmondo de Amicis, qui les visita en 1874, nous donne une si saisissante description :

« C'est un labyrinthe de rues étroites, fangeuses et obscures, bordées de très vieilles maisons, qui crouleraient si l'on donnait seulement un coup de pied dans le mur. Aux cordes tendues d'une fenêtre à l'autre, sur les rebords des fenêtres, aux clous plantés dans les portes, se balancent et frottent sur les murs humides, des chemises en lambeaux, des robes rapiécées, des vêtements graisseux, des draps de lit souillés, des pantalons déguenillés.

Devant les portes et sur les marches délabrées, au milieu des grilles descellées, s'étalent de vieilles marchandises, des monceaux de meubles, des fragments d'armes, des objets de dévotion, des lambeaux d'uniformes, des débris d'instruments, des restes de jouets, de la ferraille, des tessons, des franges, des chiffons, toutes choses qui n'ont plus de nom dans aucune langue humaine, tout ce qui a été ravagé par la rouille, les vers, le feu, dispersé par la ruine, le désordre, la dissipation, les maladies, la misère, la mort, tout ce que brisent les serviteurs, ce que les fripiers dédaignent, ce que les mendiants foulent aux pieds, ce que les animaux négligent, tout ce qui encombre, salit, pue, dégoûte, infecte : tout cela s'y retrouve par monceaux et par couches, objet d'un commerce mystérieux, d'accouplements imprévus, de transformations incroyables.

Au milieu de ce cimetière d'objets, de cette Babylone d'immondices, grouille une population hâve, misérable, pouilleuse, auprès de laquelle les gitanos de l'Albaicin de Grenade sont des gens propres et parfumés.....

.....Le dictionnaire n'a pas de termes qui puissent donner une

Quartier surpeuplé « HET HEMELRIJK », exproprié en 1912.

idée de ce monde. Des chevelures où le peigne n'a jamais passé, des yeux qui donnent le frisson, des maigreurs de cadavres décharnés, des laideurs qui inspirent la pitié, des vieillards qui conservent à peine la figure humaine, enveloppés dans toute espèce de vêtements, où ne se distingue plus ni couleur, ni forme, qui vous font douter si vous êtes en présence d'un homme qui ressemble à une femme ou d'une femme qui ressemble à un homme; de ces monceaux de haillons ambulants sortent et s'allongent en tremblant des mains de squelettes, dont les jointures sont à angle aigü, comme les pattes des sauterelles et des araignées.

Tout se fait au milieu de la rue. Les femmes font frire du poisson sur de petits fourneaux, les filles bercent les enfants, les hommes remuent leurs vieilleries, les gamins demi-nus se roulent sur le pavé couvert de légumes pourris et de poissons corrompus; les vieilles femmes décrépites, assises par terre, combattent avec leurs ongles de bêtes fauves les démangeaisons de leur corps immonde, en découvrant, avec l'inconscience de la brute, des haillons cachés et des membres qui répugnent à l'œil. Marchant sur la pointe des pieds, me bouchant le nez, prenant soin d'éviter du regard les choses dont je n'eusse pu supporter la vue, je parcourus presque toutes ces rues, et lorsque je débouchai sur le bord d'un large canal, dans un endroit découvert et propre, il me sembla que j'entrais dans le paradis terrestre, et je respirai avec volupté l'air imprégné des senteurs du goudron (1). »

**Quartier surpeuplé à Nancy**

*Vue prise du clocher de l'Eglise St-Sébastien*

La surface bâtie couvre vraisemblablement plus de 95 % de la surface totale, alors que d'après les principes aujourd'hui universellement reconnus, elle ne devrait en aucun cas dépasser 75 %.

C'est à cette même époque qu'une enquête de la Commission d'hygiène révéla qu'il y avait, dans la ville, 4.985 caves servant d'habitation et abritant 20.644 habitants (2). Comme partout où le sol est humide et marécageux, le rez-de-chaussée est exhaussé par un sous-sol qui prend jour sur la rue et en est séparé par un espace vide. Tous ceux qui ont été à Londres, ont pu voir ce type de maison, très répandu dans la capitale de l'Angleterre.

Depuis lors, depuis 1899 surtout, époque où la Commission d'hygiène s'est dédoublée par la création d'une Inspection des Habitations,

---

(1) Edmondo de Amicis, *Voyages en Hollande*, Paris, Hachette, 1878.

(2) En 1912, il n'y avait plus que 602 sous-sols habités, et on peut prévoir le jour prochain où l'interdiction qui les frappe aura reçu pleine et entière réalisation.

et depuis la loi de 1901, bien des initiatives ont été prises, bien des améliorations ont été réalisées, soit au moyen de l'interdiction d'habiter, soit par les travaux imposés aux propriétaires, soit enfin par la construction de nouveaux quartiers destinés à l'habitation populaire et édifiés dans de bonnes conditions d'hygiène. Malgré tout, les anciens quartiers subsistent encore, ou peu s'en faut et étant donné le nombre de maisons dont les conditions d'hygiène restent très défectueuses, on pourrait s'attendre à une très médiocre situation sanitaire et à une mortalité élevée. Il n'en est rien, et ici comme à Rotterdam, le taux de la mortalité n'a cessé de s'abaisser en même temps que croissait la population. Il a passé de 29,6, entre 1850-1860, à 17,9 entre 1890-1900, 13,8 entre 1901-1910. Il n'a été que de 11,8 dans ces trois dernières années. « Cet heureux résultat est dû, pour la plus grande partie, déclare le rapport, à la concordance de toutes sortes de facteurs hygiéniques : la modération de notre climat, la proximité de la mer, la situation de la ville, exposée aux vents de l'ouest, l'action des canaux, qui absorbent la poussière, l'installation très moderne de nos hôpitaux, enfin, une alimentation d'eau potable de tout premier ordre (1). »

Je ne puis entrer dans tous les détails que nous a donnés M. Van Telegen, directeur du Bureau d'hygiène, dans la conférence très documentée qu'il nous fit lors de notre visite à Amsterdam. Je me contenterai maintenant de dire quelques mots de notre visite aux groupes de constructions élevées par les Sociétés d'habitations à bon marché.

Ici, comme chez nous, le mouvement ne date que de ces dernières années. Les dix-sept sociétés reconnues n'avaient encore, au 31 décembre 1912, que 345 logements occupés, mais 1.129 étaient en voie de construction ou d'achèvement, et 2.134 étaient prévus dans les immeubles dont les plans étaient adoptés, et pour lesquels des prêts s'élevant ensemble à 7 millions de francs, avaient été obtenus de l'Etat, prêts généralement stipulés remboursables en 50 ans.

De plus, trois sociétés n'avaient pas cru devoir remplir les formalités nécessaires pour s'assurer l'assistance de l'Etat, et parmi ces sociétés, la plus importante, « *ter verkrijging van eigen wohning* », qui a déjà construit 520 logements et en construit 172 autres. Elle a emprunté 1.860.000 florins, soit 3.800.000 francs, non point à l'Etat lui-même, mais à la Caisse d'épargne postale, sans la garantie de la ville.

Lorsque, dans un avenir très rapproché, auront été exécutés les projets en cours, Amsterdam disposera en tout de 4.300 logements populaires installés dans d'excellentes conditions d'hygiène. Ce chiffre commencera alors à faire figure, puisque le nombre des logements de toute nature s'élève à 130.000 pour la ville entière. Néanmoins, quelques membres du Conseil municipal ne jugent pas ce résultat satisfaisant, puisqu'ils voudraient voir la ville elle-même

(1) Rapport, page 18.

s'engager dans la construction d'habitations populaires et présentent un projet qui prévoit la construction de 2.000 logements ouvriers.

Le type commun adopté par les sociétés est ici, et ici seulement, la grande maison en briques, élevée de trois étages. Chaque logement qu'elle contient a une prise d'air sur chaque façade. C'est le logement de deux chambres à coucher, avec salle commune et petite cuisine, qui domine et figure pour moitié. Les autres logements ont, ou bien une seule chambre, ou bien trois ou quatre chambres à coucher, suivant le nombre des enfants. De plus, un certain nombre de logements ont, suivant la mode du pays, un balcon couvert ou vérandah.

Constructions de la Société d'Habitation à Bon Marché « JORDAAN », construites en 1896 (1)

Nous avons visité le groupe récemment construit par la Caisse de

---

(1) On remarquera l'avenue à terre-plein central, analogue à celle qui figure dans le plan exposé par la S. I. E. à l'Exposition de la C. M., en vue de la transformation du quartier St-Thiébaut à Nancy.

construction amsterdamoise, à l'est d'Amsterdam, et qui comprend 84 logements. Les deux corps de bâtiments sont séparés par un espace divisé en jardins, qu'on loue à certains locataires. Le taux des loyers se rapproche sensiblement, nous a-t-il semblé, de celui pratiqué à Nancy. L'aménagement nous a paru ne rien laisser à désirer. Nous n'en dirons pas autant des escaliers qui donnent accès aux étages. Ils nous ont fait l'effet de véritables casse-cou. Notons que la gérance et le contrôle journalier des logements de la Société sont confiés à une dame, ce qui tiendrait à prouver le bon esprit et la discipline des locataires. Certes, les habitants de nos cités de Saverne et de Solignac sont, dans leur ensemble, de bien braves gens, mais nous doutons pourtant qu'ils puissent se passer de la police qu'un surveillant peut seul assurer avec plein succès.

La quatrième ville de Hollande qui dépasse 100.000 habitants est Utrecht, mais il n'en a pas été question, et nous ignorons quelle place y tient la question de l'habitation populaire.

Bien que moins exposées aux dangers du surpeuplement, les villes de moindre importance ne sont nullement restées étrangères au mouvement qui pousse les autorités municipales à s'intéresser à l'habitation de leurs habitants peu fortunés. D'une façon générale, ce sont, ici encore, les sociétés privées qui agissent, avec l'assistance financière de l'Etat, qui leur est fournie par l'intermédiaire de la commune. Certaines municipalités construisent, mais c'est l'exception. Citons toutefois la petite ville de Franeker (Frise), qui a édifié elle-même tout un quartier de fort bonne apparence, comprenant 98 maisons, d'un rez-de-chaussée avec étage mansardé, et jardinet à l'entrée. A cette entreprise, elle a consacré une somme de 300.000 francs que l'Etat lui a avancée suivant les dispositions de la loi de 1901.

*Arnhem*, que le Congrès a visité, est une ville de 65.000 habitants, ville de résidence principalement, comme La Haye, où l'industrie ne tient qu'une place secondaire. Pourtant, cette ville peut se flatter d'avoir vu la plus ancienne entreprise d'habitation à bon marché, pour la Hollande du moins. C'est une société qui se fonda en 1853, avec cet objet bien défini, et qui, dès 1855, mettait en location 44 logements. Cinquante ans après, en 1904, elle fusionnait avec une société de formation plus récente, l'Openbaar Belang (l'Intérêt public), à qui elle remit les 134 logements qu'elle exploitait alors.

L'Openbaar Belang fut fondée en 1894 et, depuis 1910, elle considère son œuvre comme terminée dans son ensemble; cette œuvre a comporté, au cours de ces seize années, la création de deux groupes ou quartiers : Lombok avec 191 habitations, Klarendal, avec 204, et l'achat d'un certain nombre d'anciennes maisons, que la société a transformées et qui portent à 553 le nombre de logements dont elle peut disposer. L'activité sur ce terrain a passé à la Volkshuisvestings (Société d'habitations à bon marché), dont les débuts ne datent que de 1909, et qui a déjà construit, dans les meilleures conditions, deux groupes, le Munschenberg et le Binnenschweide, d'ensemble 332 logements. En sorte que dans cette ville qui ne compte guère plus de 60.000 habitants, ces deux sociétés peuvent abriter, dans des demeures très saines, 893 ménages. Ce n'est pas tout, car, de son côté, la ville elle-même, poursuivant une œuvre semblable à celle de l'Openbaar Belang, a acheté de vieilles maisons, en a démoli quelques-unes et loue les autres à des prix très modiques aux familles les moins aisées. Elle se trouve ainsi à la tête de 205 logements à bon marché, sans compter quelques petites maisons éparses dans la banlieue et louées à des maraîchers.

L'exemple d'une ville moins importante encore, mais tout aussi active, *Enschédé*, mérite de prendre place dans l'ensemble de nos souvenirs et de nos observations.

La dernière visite du Congrès était réservée à *Enschédé*, centre du district industriel de Twenthe (province d'Over Yssel), non loin de la frontière allemande.

En 1870, Enschédé comptait seulement 5.000 habitants, mais avec les progrès de l'industrie textile, dans laquelle se résume à peu près toute l'activité locale (1), elle a grandi de telle façon qu'aujourd'hui sa population dépasse 35.000 habitants. Et ce ne serait là encore qu'un début, si l'on en croit les auteurs du plan d'extension, qui prévoient, dans leur projet, une population de 100.000 habitants.

Comme la plupart des villes que nous avons visitées, Enschédé avait préparé, pour les membres du Congrès, une brochure où elle exposait toutes les branches de son activité communale. Nous aurions plus d'un détail à relever, et notamment à signaler le soin et la perfection que la ville a apportés à l'installation et à la direction de ses écoles, ou encore, pour rester plus près de notre sujet, la vigilance qui préside à sa rapide extension. Mais restons-en aux questions concernant directement l'habitation.

Questions bien anciennes déjà dans cette ville, puisqu'en 1861, une première société d'habitation populaire faisait construire 197 habitations, réparties en trois groupes. L'un de ces groupes, notons-le en passant, recevait le nom de Sébastopol. A la vérité, ces habitations nous apparaissent aujourd'hui comme bien primitives et bien peu confortables, surtout en comparaison de ce qui s'est fait récemment. C'est, à vrai dire, dans ces dernières années seulement, que le surpeuplement s'est fait vivement sentir. De là, au début de l'année 1907, la formation d'une nouvelle société, le « Volkswohning », qui, en trois ans, construisait quatre groupes, d'ensemble 325 habitations, aux quatre extrémités de la ville. Chaque habitation comprend, à l'ordinaire, un rez-de-chaussée d'une pièce commune,

(1) Les filatures des Pays-Bas comptent 486.892 broches, et emploient 3.940 ouvriers; sur ce nombre, Enschédé seul compte 325.000 broches, avec 2.700 ouvriers.

Les tissages des Pays-Bas comptent 30.940 métiers, avec 20.850 ouvriers; Enschédé en compte, pour sa part, 12.875, avec 7.225 ouvriers.

(Statistique des Pays-Bas, 1910.)

avec petite cuisine séparée (1), une chambre à coucher et un premier étage de deux chambres. Ces habitations se suivent par groupe de trois ou quatre, réunies en une même construction.

Malgré cette initiative, malgré l'initiative des industriels de la ville, qui, à la même époque, autour de leurs usines, faisaient construire 162 habitations ouvrières, la pénurie de logements se faisait toujours sentir; aussi, en 1911, la même société du « Volkswohning » décidait-elle la construction de deux nouveaux groupes, l'un de 99 et l'autre de 154 habitations. Nous avons visité le second de ces groupes, route d'Hengelo : il forme un véritable quartier, ayant pour centre une école primaire, qui n'était pas encore inaugurée et que la ville a construite avec une recherche frappante du confort et de l'hygiène. Les maisons ont chacune une façade différente : on s'est efforcé ici de rompre l'ordinaire monotonie de la cité ouvrière et de lui enlever toute apparence de caserne, et, somme toute, on y a réussi. Ajoutons que la ville vient d'établir un petit jardin public dans le voisinage immédiate de ce nouveau groupe et, en fait, pour l'usage à peu près exclusif de ses habitants.

Si méritoires que soient les initiatives d'où sont sorties, dans notre ville, les habitations populaires que nous voyons aujourd'hui, et notamment les cités de Saverne et de Solignac, si manifeste que soit le progrès qu'elles ont réalisé chez nous, il faut bien reconnaître que de telles cités ne peuvent soutenir la comparaison avec ces groupes, constituant de véritables quartiers, avec leurs habitations ayant chacune leur entrée séparée, et souvent aussi chacune leur jardin, et c'est cela que nous avons rencontré partout ailleurs qu'à Amsterdam. « Il faut faire l'impossible, dit la notice d'Enschédé, pour être à même d'adopter le système d'une maison par famille (2)», Sans doute, mais il y a des possibilités qui échappent aux promoteurs d'habitation ouvrière : c'est le cas pour bien des villes, comme la nôtre, où les entreprises industrielles se sont accolées à l'agglomération centrale. A Enschédé, au contraire, les usines se sont dispersées dans tous les côtés de la périphérie, et cette dispersion a empêché une trop grande concentration de la population ouvrière, en même temps que le surenchérissement des terrains.

L'une des plus agréables surprises de notre voyage a été de trouver, à quelques kilomètres d'Enschédé, une cité-jardin tout nouvellement créée, mais déjà réalisant pleinement toutes les conditions du type si heureusement innové par les Anglais. C'est la cité de « Het Lansink ». Fondée en 1911 par une société foncière et sur l'initiative d'industriels du pays (3), elle couvrira un terrain de

---

(1) Cette séparation de la cuisine, qu'on ne pratique pas chez nous, nous l'avons rencontrée ici et ailleurs, dans la presque totalité des habitations que nous avons visitées.

(2) C'est l'expression allemande « *Das System für eine Familie im Haus* ». Les Anglais disent simplement le « *Cottage* », qu'ils opposent au « *Block Building system* », qui est le nôtre.

(3) La majeure partie des actions appartient à MM. Stork frères & Cie, métallurgistes.

quinze hectares et comportera 300 habitations, sur lesquelles, lors de notre visite, 150 étaient déjà bâties, abritant 550 habitants.

A vrai dire, la proximité de la ville industrielle d'Hengelo fait plutôt de Het Lansink un faubourg-jardin, mais les initiateurs, très heureusement inspirés, revendiquent plutôt pour leur fondation, le titre de *village*.

Quoi qu'il en soit, c'est bien le type si heureusement innové par les Anglais que réalise pleinement déjà la jeune cité-jardin. Elle a ses rues bordées de jardins, avec maisons en retrait, aux façades variées. Et ces rues ont été tracées autant que possible de façon à respecter les arbres déjà existants. Elle a sa place centrale ombragée par une dizaine de vieux chênes, conservés avec un soin jaloux. D'un côté de la place, se trouve une suite de magasins à arcades, et, de l'autre, s'élèvera un grand édifice, qui servira de lieu de réunion aux habitants. Lors de notre visite, la plupart des maisons portaient un écriteau, *salve*, qui nous conviait à les visiter. A ce mot de bienvenue était jointe l'indication du loyer. Les loyers varient de 2 fl. 45 à 10 florins par semaine. C'est dire que des personnes de conditions bien différentes demeurent là les unes à côté des autres. Ce voisinage a été, là comme ailleurs, l'une des idées-mères de la cité-jardin. « Sans doute, fait remarquer la notice, sa réalisation est plus facile dans une petite ville comme Hengelo, où les situations se côtoient, où chacun se connaît, ou peu s'en faut. Mais, ajoute cette notice, même dans une grande ville, où les conditions seraient moins favorables, le problème pourrait encore trouver une solution non moins satisfaisante, pourvu qu'on ne mît pas plus de 25 maisons à l'hectare (chiffre adopté pour Het Lansink), et qu'entre les maisons on réservât un espace suffisant avec une plantation bien disposée. En tout cas, les résultats obtenus jusqu'à ce jour par la cité-jardin ont pleinement justifié les espérances de ses fondateurs. »

Permettez-moi, messieurs, de terminer ce sujet par une observation que j'estime indispensable. On parle volontiers de cités-jardins, mais encore faudrait-il savoir à quoi répond cette expression et quelle est son exacte signification. Il y a peu de temps, un journal nancéien, rendant compte d'une excursion au pays minier, célébrait les « cités-jardins » de Saint-Pierremont, de Pienne, etc. Eh bien! il n'y a pas de cités-jardins dans le pays de Briey, — il y en aurait sans doute si le mouvement actuel avait pris naissance dix ans plus tôt — mais il n'y en a certes pas maintenant. Il y a des files de maisons ouvrières, d'un type parfois coquet et le plus souvent bien choisi, mais indéfiniment répété dans la cité; souvent aussi ses maisons ont la jouissance d'un jardinet attenant, mais ce n'est certes pas pour cela qu'elles formeraient des cités-jardins, des cités avec la plénitude de leurs avantages et de leurs agréments, telles que les ont conçues leurs fondateurs, les Cadbury, de Bournville, les Lever, de Port-Sunlight, telles enfin que nous en avons retrouvé un excellent exemple dans la jeune cité de Het Lansink.

Qu'est-ce donc qui constitue la cité-jardin?

1° C'est d'abord le tracé de la cité, qui doit être dessinée comme un paysagiste dessine un jardin anglais.

2° Le dessin doit former un organisme distinct, ayant son centre et ses organes. Il doit « organiser » la vie sociale dans un cadre simple, pris dans la nature ou l'imitant le plus fidèlement possible;

3° Enfin, dans les différentes parties du plan ainsi tracé, les maisons doivent être, non point alignées, disposées au cordeau, mais dispersées et en apparence semées au hasard. Je dis « en apparence » seulement, car, en réalité, leur emplacement est choisi avec art, et suivant des règles qu'on a déjà tracées.

Si j'insiste de la sorte, c'est que tel est le sort trop fréquent des expressions nouvelles qu'on répand à plaisir dans le public : elles sont dénaturées, et en déviant de leurs origines premières et de leur véritable conception, elles risquent fort de voir leur destinée injustement limitée.

Il est grand temps, messieurs, vous vous le dites sans doute, que je songe à me résumer et à conclure.

Et d'abord, en ce qui concerne la Hollande.

Bien que ses premières manifestations remontent à un passé déjà lointain, le mouvement en faveur de l'habitation populaire ne s'est véritablement développé qu'au cours de ces dernières années. Il ne date, à proprement parler, que de la loi organique de 1901, mais il a pris, dès lors, dans beaucoup de villes, — car je suis loin d'avoir parlé de toutes les initiatives locales, — des proportions remarquables, et, si on en juge d'après le nombre et l'importance des projets en cours, il n'est encore qu'à ses débuts.

A part de rares exceptions, où la commune construit elle-même, ce sont des sociétés locales qui ont pris l'initiative de la construction de maisons ouvrières, et il ne semble pas qu'elles se montrent inférieures à leur tâche, et qu'une organisation administrative, telle que doivent la réaliser nos futurs « Offices d'habitations à bon marché » leur serait supérieur.

Ces sociétés sont, le plus souvent, constituées avec un faible capital, et c'est l'Etat qui, par l'intermédiaire de la commune, leur fait les avances qui leur sont nécessaires.

A ces constatations, qui s'appuyent sur les faits que je vous ai rapportés, laissez-moi en ajouter quelques autres, qui concernent l'extension urbaine, et que je n'ai pu, faute de place, développer dans mon exposé.

Toutes les villes hollandaises de plus de 10.000 habitants ont aujourd'hui leur plan d'extension : la loi de 1901 leur en a fait une stricte obligation. Notons seulement le plan d'Enschédé, dont le trait caractéristique est le projet d'un large boulevard circulaire, entourant sa plus large périphérie. Vous reconnaissez là une conception qu'ont déjà adoptée un certain nombre de villes, Bruxelles et Liége, notamment.

Toutes les villes ont une « politique foncière »; elles achètent des terrains, elles se forment un domaine privé, elles s'assurent ainsi le double avantage de se permettre de présider à leur extension et de recueillir tôt ou tard la plus-value qui résulte de cette extension. Cette plus-value leur revient au moyen de l'emphytéose; suivant une pratique dont j'ai déjà fait ressortir ailleurs (1) l'utilité et le mérite, les villes hollandaises n'aliènent plus, en règle générale, les terrains une fois acquis; elles les donnent à bail emphytéotique, pour 75 ans, et parfois même pour 50 ans seulement.

Faut-il maintenant, messieurs, terminer par quelques conclusions générales? Suis-je bien autorisé à étendre le champ de mes constatations d'ensemble, alors que je me suis contenté de vous retracer la physionomie générale du Congrès de l'habitation et que je ne vous ai parlé que du pays où se tenait ce Congrès ?

Mais je ne puis entreprendre d'analyser ici les 68 rapports qui ont été réunis et la situation qu'ils revèlent dans les dix-sept contrées qui les ont présentés. Force m'est bien de donner à ma conférence un couronnement qui dépasse de beaucoup la base sur laquelle elle s'appuie.

Je dois constater tout d'abord que tout tient à tout, en ceci comme en tant d'autres choses, et si l'objet originaire du Congrès de l'habitation a été démesurément agrandi, il faut en attribuer le fait non pas aux conceptions ambitieuses de ses organisateurs, mais à la nature même de son objet.

A quoi bon toutes les prescriptions hygiéniques qui réagissent contre le surpeuplement, — du moins en ce qui concerne les immeubles bâtis antérieurement à ces prescriptions, — du moment que, faute d'habitations en nombre suffisant pour recevoir les occupants des logements démolis ou frappés d'interdiction, on ne peut employer, autant qu'il le faudrait, l'arme nécessaire, l'interdiction d'habitation, le *closing order*, comme disent les Anglais, ou tout au moins la stricte limitation du nombre des occupants, proportionnellement au cube d'air? La question du *surpeuplement* pose donc la question de l'habitation ouvrière. Mais comment construire des habitations populaires dans des conditions compatibles à la fois avec l'hygiène et le bon marché, alors qu'en raison de l'extension désordonnée de la ville et la spéculation qui en est la conséquence, le terrain a partout surenchéri et que manquent les voies de communication nombreuses et rapides, qui devraient relier le centre à tous les points de la périphérie? La question de l'*habitation* est intimement liée à la question de l'*extension*.

A ces diverses questions, la plupart des pays étrangers s'efforcent de trouver des solutions rationnelles et pratiques. On ne peut nier que plusieurs déjà sortent de cette période de tâtonnement qui marque le début ordinaire des institutions. Sommes-nous de ce nombre? Pouvons-nous nous flatter d'avoir aujourd'hui une législation et des entreprises qui puissent assurer le bien-être en matière d'habitation populaire? Sans doute, gardons-nous de cette tendance

(1) Cf. Nancy et la question d'extension des villes. (Bulletin, janvier 1913, p. 30).

qui nous pousse, en tant que Français, à faire notre propre procès sitôt que nous parlons de l'étranger; mais que nous nous placions sur le terrain de la police sanitaire, de l'habitation ouvrière ou de l'extension urbaine, que je me rappelle moi-même ce que j'ai vu, ou que je parcoure les rapports présentés, il n'y a aucun doute possible: si un classement devait se faire à tous ces points de vue entre les diverses nations, ce n'est pas la première place que nous occuperions, c'est peut-être l'une des dernières. C'est l'une des dernières places que nous vaudrait la lourde routine de notre bureaucratie, l'impuissance de notre organisation parlementaire et, par-dessus tout, l'intransigeante prédominance des intérêts privés sur l'intérêt public. Je vous parlais, si vous vous le rappelez, de ces deux mystérieux personnages qui firent, au Congrès d'Anvers, une si courte apparition. Voici l'explication du mystère, telle du moins que je l'aie eue de source que je crois autorisée : ces deux messieurs étaient, l'un le président, l'autre l'avocat-conseil d'une puissante association de propriétaires parisiens, leur présence et le rapport qu'ils présentaient n'avaient d'autre but que de faire adopter leurs conclusions et de les transformer en vœu; or, dans ces conclusions, tout en approuvant de prime abord les projets de loi sur l'expropriation pour cause d'insalubrité, ils formulaient des réserves où se glissait le mot de spoliation. Des conclusions ainsi rédigées et adoptées par le Congrès, ils comptaient se faire une arme contre le projet voté par la Chambre et actuellement soumis au Sénat. Ils en furent, il est vrai, pour leur déplacement et pour leurs peines : le Congrès adopta bien leurs conclusions, mais du dispositif retrancha le considérant qui parlait de spoliation.

Ce ne sont pas, par ailleurs, les initiatives privées qui manquent chez nous, mais, au lieu de les exciter, de tout faire pour les multiplier, au lieu de leur assurer, tout en les aidant libéralement, une féconde indépendance, au lieu d'adopter ce régime de la liberté subventionnée dont nous voyons en Belgique et en Hollande l'heureux épanouissement, on préfère tenter l'expérience de ces organismes de forme administrative et en fait d'une venue si lente et si laborieuse, que sont les Offices d'habitations à bon marché.

Ce ne sont pas non plus les projets de loi qui font défaut, projets sur l'expropriation en général, projets sur l'expropriation pour cause d'insalubrité publique, projets sur l'extension des villes. Mais encombré par une excessive centralisation, qui fait refluer vers lui une foule de questions que décident ailleurs les corps municipaux et régionaux, paralysé par les discussions politiques, notre Parlement n'a ni le temps, ni l'indépendance d'esprit nécessaires pour dégager de la masse des propositions qui lui sont soumises, celles qui ont un véritable caractère d'intérêt public et dont dépendent les initiatives les plus fécondes et les applications les plus urgentes. Que si, d'aventure, un projet est près d'aboutir, tel le projet de loi sur l'expropriation pour cause d'insalubrité publique, on voit aussitôt la coalition des intérêts privés se dresser, et les associations de propriétaires, les syndicats professionnels, syndicats d'hôteliers, syndicats de marchands de vins, se conjurer dans une opposition intransigeante,

***

contre les mesures que réclame l'intérêt public. Les années passent, les législatures se renouvellent, et sur bien des questions, notre législation reste la même, inférieure aux nécessités du temps présent et aux heureuses innovations réalisées par la législation des pays voisins.

---

# LE DÉVELOPPEMENT
## DES
# HABITATIONS A BON MARCHÉ
## DANS LA RÉGION DE L'EST

---

Rien de plus commun à tous ceux qui observent et décrivent ce qui se fait à l'étranger, que de paraître oublier ou dédaigner les efforts tentés et les résultats obtenus dans leur propre pays. Et c'est bien là le reproche que nous pourrions mériter si, après avoir, ici même, à l'occasion du récent Congrès de la Haye, exposé les entreprises réalisées en Hollande pour assurer le logement populaire, nous ne donnions à cet article son complément naturel, en passant en revue les multiples initiatives qui ont eu et ont encore le même objet dans notre région de l'Est.

Il est bon aussi de rappeler que pour son Congrès tenu à Reims les 23-25 mai dernier, l'Union des Sociétés Industrielles avait mis à son ordre du jour le développement régional des Habitations à bon marché : un certain nombre de communications ont été faites sur cette partie du programme; la Société Industrielle de l'Est ne figure pas toutefois parmi les Sociétés qui ont ainsi répondu. Peut-être nous saura-t-on gré de combler cette lacune et d'apporter à la question notre tardive contribution (1).

Le problème de l'habitation ouvrière se présente, on le sait, sous deux aspects différents. Ou bien, il s'agit de faciliter aux travailleurs l'acquisition d'une petite maison, qui deviendra le cadre des affections et des souvenirs familiaux, ou bien, on peut se proposer d'abriter des ménages qui, par suite des circonstances ou de leurs salaires modiques, ne peuvent songer à la propriété, et on a pour but de leur assurer un logement sain, décent et à un prix abordable pour leur modeste budget. Rappelons encore que, d'une façon générale, mais dans le premier cas surtout, il faut se garder de considérer l'intervention en matière d'habitation à bon marché comme une modalité de l'assistance : alors même que l'inspiration qui y préside est

---

(1) Il est juste de rappeler, à ce sujet, l'étude que fit autrefois, à la Société Industrielle de l'Est, M. Henri Déglin, dans une conférence du 4 mars 1899, sur l'*Economie des constructions ouvrières dans l'Est*. (*Bulletin S. I. E.*, 1899, p. 177.). Rappelons aussi qu'à la même époque, cette question fut traitée, au point de vue technique, à la Société Industrielle de l'Est, dans une conférence faite par M. H. Gutton, le 25 février 1899. (*Bulletin S. I. E.*, 1899, p. 145.)

charitable, et qu'à ce titre l'œuvre est elle-même aidée, son entreprise doit assurer au capital engagé un amortissement progressif et une certaine rémunération. C'est faute d'avoir ainsi compris la question, qu'on en a trop longtemps limité la portée et arrêté le développement.

Quoi qu'il en soit, les deux aspects du problème nous indiquent tout naturellement les deux catégories d'initiatives et d'entreprises, vente ou location, que nous aurons successivement à examiner : l'une s'appliquant normalement à l'habitation individuelle et l'autre à l'habitation collective, à logements multiples. Nous nous occuperons surtout, dans l'un et l'autre cas, des entreprises nancéiennes, mais nous ne nous y limiterons pas exclusivement, et nous compléterons notre exposé en indiquant brièvement ce qui se fait ailleurs, dans la région.

Nous devons faire remarquer, d'autre part, pour préciser le champ de notre enquête, que nous nous occuperons uniquement des entreprises dépendant de sociétés ayant pour seul objet l'habitation ouvrière en général, et non point des constructions faites par les sociétés industrielles de la région, pour assurer le logement de leurs ouvriers. Sans doute, ces sociétés industrielles, pour bénéficier des avantages de la loi, placent aujourd'hui leurs nouvelles constructions sous le régime des habitations à bon marché, mais on reconnaîtra sans peine que c'est là une question spéciale, qui se distingue nettement de celle que nous voulons étudier ici.

Le surpeuplement et la question de l'habitation populaire sont des problèmes modernes. Nos pères ne les ont pas connus : lorsqu'on examine le plan de Nancy, gravé par de la Ruelle, en 1611, on voit que le lotissement de la Ville-Neuve avait été fait entre petites gens, qui avaient bâti des petites maisons à façade très étroite, avec jardin derrière, et c'est cette étroitesse de façade qu'on remarque encore pour un très grand nombre de maisons, aujourd'hui surélevées, qui bordent les grandes artères du centre de la ville. En ce temps là, comme presque partout ailleurs, chaque maison de la rue des Artisans, aujourd'hui rue Clodion, avait son jardin; mais cette heureuse disposition ne devait pas subsister. Alors, déjà, on peut remarquer, dans la Ville-Vieille, à l'intérieur des îlots, un enchevêtrement de courettes et de seconds ou troisièmes corps de logis, qui témoignent du peu de place que le souci de l'hygiène tenait dans la réglementation publique. Plus tard, quand après bien des vicissitudes la population vint à augmenter, cette situation fâcheuse s'étendit à la Ville-Neuve: bien que l'enceinte fortifiée eût disparu, la ville, au cours du XVIII<sup>e</sup> siècle et pendant la première moitié du XIX<sup>e</sup>, était entourée par un mur d'enceinte, et c'est surtout à l'intérieur qu'on construisait à nouveau. Nul règlement n'existait, comme celui que nous avons trouvé à Amsterdam et qui y était établi dès ce moment-là : défense est faite, à Amsterdam, de construire à l'intérieur des îlots, au delà d'une certaine distance de la façade, distance qui ne peut pratiquement convenir qu'à la construction d'un seul corps de logis et de ses dépendances. Aujourd'hui, dans un grand nombre de villes étrangères, on trouve la défense de couvrir de constructions plus d'une certaine proportion, de 50 à 75 p. 100, de la surface totale de chaque lot de terrain. Il a fallu, à Nancy, attendre jusqu'en 1905 pour avoir un règlement de construction qui contînt quelques dispositions de ce genre.

Faute d'une telle réglementation, la plupart des îlots de la Ville-Neuve, comme de la Ville-Vieille, se sont couverts, sur toutes leurs surfaces, de constructions à peine séparées par quelques cours et courettes. Cette situation devait amener fatalement le surpeuplement, avec son cortège habituel de misères physiques et morales, partout où ces constructions seraient livrées à l'habitation populaire.

## § 1. — Les Habitations Collectives

Toutefois, ce n'est qu'à la suite des événements de 1870-71 que la question se posa d'une façon urgente à Nancy, comme dans les principales agglomérations urbaines de la région. L'annexion et ses suites, l'émigration des Alsaciens-Lorrains, le transfert de nombreuses industries des pays annexés, portèrent la population de notre ville de 49.990 habitants en 1869 à 66.338 en 1879. Parmi les nouveaux venus, se trouvaient de nombreuses familles ouvrières, qui eurent la plus grande difficulté à trouver un abri. C'est de là que naquit, le 13 mai 1872, sur l'initiative de plusieurs de nos concitoyens, la *Société Immobilière Nancéienne*, l'une des plus anciennes sociétés qui se soient occupées de l'habitation ouvrière (1).

Elle fut constituée au capital de 200.000 francs, divisé en 400 actions de 500 francs. De 1872 à 1882, elle eut une existence particulièrement active et laborieuse. Elle se proposa d'abord de construire des petites maisons destinées à la vente, payables soit au comptant, soit par annuités, en quinze ans généralement. Dans cet ordre d'idées, elle a construit 59 maisons, d'une valeur de 3.500 à 10.000 francs, réparties en six groupes (Pont-d'Essey, 9 maisons; Champ-de-Mars, 15; rue des Fabriques, 6; Boudonville, 14; boulevard Lobau, 8; rue de Bitche, 6) et comprenant cinq types différents : maisons isolées ou accolées, avec ou sans étage et ayant un ou deux logements. Aujourd'hui, l'agencement de ces maisons, toutes en façade sur la rue et beaucoup sans jardin, nous paraît quelque peu primitif, mais, telles quelles, elles furent acceptées avec empressement par ceux qui étaient appelés à les occuper; elles trouvèrent même promptement acquéreurs et sont toutes aujourd'hui entièrement payées.

En 1882, le prix de la main-d'œuvre ayant augmenté dans de sensibles proportions et celui des terrains ayant plus que sextuplé, la

(1) Cinq sociétés seulement sont plus anciennes que celle de Nancy : Mulhouse, Amiens, 1866; Lille, 1867; Reims, 1870; Le Havre, 1872

Société dut suspendre ses opérations. Le prix des maisons qu'elle aurait pu construire n'eût été désormais qu'à la portée de contremaîtres ou chefs d'emplois, tous gens d'un niveau supérieur aux travailleurs que l'entreprise avait pour but d'aider. Aussi, de 1882 à 1892, l'activité de la Société subit-elle un temps d'arrêt. La plus grande partie du capital fut même remboursée aux actionnaires, en sorte qu'en 1892 chaque action ne représentait plus qu'une valeur de 70 francs.

A cette époque, sous l'impulsion du regretté M. Henri Déglin, son administrateur-délégué, le conseil d'administration décida une transformation complète de la Société. Il s'agissait de construire non seulement des petites maisons, destinées à être vendues ensuite à leurs locataires, mais des maisons collectives, des habitations à bon marché, destinées à loger des familles nombreuses dans les meilleures conditions d'emplacement et d'hygiène, et pour un prix modique. A vrai dire, la Société avait été amenée à entrer dans cette voie dès les premières années de sa création, en reprenant du Comité d'Alsace-Lorraine deux groupes de chalets, ou plus exactement, de baraquements (groupe de la Madeleine, trois chalets, et groupe des Trois-Maisons, rue du Faubourg-des-Trois-Maisons, n° 97, neuf chalets), que ce Comité avait fait récemment édifier, et une maison, un ancien lavoir, rue du Faubourg-Saint-Georges, 110, qu'il avait acheté et fait transformer pour pourvoir aux plus pressantes nécessités du logement des émigrés.

Les statuts de la Société furent modifiés le 30 janvier 1892; le capital social fut porté de 200.000 à 300.000 francs et complété par l'émission de 200 obligations à 500 francs, soit 100.000 francs. Avec ces fonds, la Société a successivement fait construire quatre groupes :

| Date de construction | Emplacement | Prix de revient | Nombre de logements | Loyers | Rendements Brut | Rendements Net |
|---|---|---|---|---|---|---|
| 1892 | R. du Bastion, 40-42 | 113.560,17 | 23 | 20 | 5,58 | 4,17 |
| 1894 | R. des Jardiniers, 70-72 | 141.443,82 | 35 | à | 5,44 | 4,16 |
| 1897 | R. de Mulhouse, 9-11 | 160.010,55 | 40 | 25 f. | 5,44 | 4,41 |
| 1899 | R. Marie-Leckzinska | 61.090,00 | 28 | | 5,50 | 4,12 |

Ce dernier groupe a été construit sur les terrains du Comité d'Alsace-Lorraine. En 1910 et 1912, il a été complété par deux nouveaux pavillons, qui abritent chacun six ménages; il a l'avantage très apprécié de pouvoir joindre à chaque logement un petit jardinet.

Le groupe du faubourg des Trois-Maisons donne à dix-sept ménages des logements de deux pièces; avec petit jardin attenant, au prix de 12 à 14 francs. Les logements de l'immeuble rue du Faubourg-Saint-Georges sont encore meilleur marché : pour un loyer variant de 8 à 15 francs, ils abritent dix-sept familles particulièrement dignes d'intérêt.

En résumé, depuis sa fondation, avec un capital originaire de 200.000 francs, porté successivement à 300.000 puis à 400.000 francs, la Société a tout d'abord fait construire 59 maisons particulières, isolées ou accolées, et créé 59 propriétaires; puis, dans les deux cités qu'elle a acquises et dans les quatre maisons collectives qu'elle a fait construire, elle assure aujourd'hui le logement à 163 familles ou locataires distincts.

La Société Immobilière a suivi fidèlement sa voie, et bien qu'elle ait rempli son rôle largement et sans excès d'économie, elle se trouve aujourd'hui, autant et plus que par le passé, dans une excellente situation financière (1). On peut se demander toutefois si, dans ces dernières années, comme en 1892, le moment ne s'était de nouveau présenté pour elle d'élargir le champ de ses entreprises et de renforcer ses moyens d'action. Vers 1906, tant par suite des innovations législatives que de la pénurie croissante des logements ouvriers dans notre ville, la question semblait, en effet, devoir se poser très nettement pour elle.

La loi du 30 novembre 1894 avait jeté les bases de notre législation en matière d'habitations à bon marché, et sans doute est-il bon de dire quelques mots de ses dispositions et de leurs transformations. Elle avait commencé — bien entendu! — par créer des rouages administratifs, des comités départementaux, ayant à leur tête un conseil supérieur. Mais c'est surtout par des immunités fiscales, par des facilités d'emprunt, par l'établissement d'un régime spécial de transmission héréditaire, que le législateur entreprenait de témoigner sa bienveillance aux constructeurs d'habitations à bon marché.

Pourtant, cette première tentative n'avait été rien moins que féconde : au bout de quelque temps, il avait fallu reconnaître que les rouages administratifs n'avaient point fonctionné, que l'appel aux établissements publics pour mettre les fonds à la disposition des constructeurs était resté à peu près sans écho, enfin, que les immunités fiscales étaient accordées avec une telle parcimonie qu'elles s'élevaient à un chiffre presque dérisoire pour l'ensemble du pays. Sous la pression publique, le Parlement dut remanier son œuvre et ce remaniement aboutit à la loi du 12 avril 1906.

Au lieu de rester facultative, la création des comités devint désormais obligatoire dans chaque département; leur compétence était étendue; ils étaient notamment chargés, à l'avenir, de certifier la salubrité des maisons susceptibles d'exemptions fiscales et de vérifier les statuts des sociétés nouvelles.

Le nombre des bénéficiaires de la loi était augmenté par suite du relèvement des valeurs locatives maxima des immeubles exonérés. Pour les maisons collectives en particulier, telles que celles que faisait construire la Société Immobilière Nancéienne, plus de limitations invariables; les maximums devaient être revisés chaque cinq ans dans chaque département. L'exonération des contributions foncières et des portes et fenêtres était étendue de cinq à douze ans. De

(1) Cette société a toujours rémunéré son capital. Lors de sa reconstitution, en 1892, le dividende a été fixé au maximum de 3,50 p. 100. On pourrait donner facilement 4 p. 100.

plus, la nouvelle loi augmentait, en les précisant, les exonérations secondaires d'enregistrement et de timbre.

Enfin, le législateur tentait d'accroître les ressources financières destinées à l'œuvre. Les départements et les communes, dûment autorisés, pourraient à l'avenir céder des terrains jusqu'à concurrence de moitié de leur valeur réelle; ils pourraient souscrire des actions de sociétés de maisons à bon marché et garantir aux actionnaires des dividendes jusqu'à concurrence de 3 p. 100 et pour une durée de dix ans.

D'autre part, Nancy, en 1906, voyait sa population considérablement augmentée, depuis quinze ans surtout, et les loyers des petits logements avaient subi une hausse de plus de 30 p. 100. D'une enquête publiée à cette époque par le Ministère du Travail, il résulte qu'à Nancy il existait alors 900 logements d'une seule pièce, habitée par trois personnes et plus; 5.928 logements de deux pièces, habitées par quatre personnes et plus; 2.283 logements de trois pièces, habitées par six personnes et plus. Dans la banlieue, la situation n'était guère moins fâcheuse.

Pourquoi la Société dont nous venons d'exposer l'œuvre ne chercha-t-elle pas à mettre à profit les récents avantages légaux (1), pour créer de nouvelles cités et faire face à des nécessités qui se révélaient comme particulièrement urgentes? Il ne nous appartient pas ici de le rechercher.

Un certain nombre de personnalités locales, préoccupées de la situation, se concertèrent alors et des vues qu'elles échangèrent naquit, dans le courant de l'année 1909, la *Société anonyme des Habitations à Bon Marché de Nancy*, au capital de 600.000 francs. Comme la Société Immobilière Nancéienne, elle se donnait pour objet la construction d'habitations collectives destinées à la location simple. Toutefois, par suite des circonstances et de l'Exposition qui avait lieu alors, l'Assemblée constitutive se tint seulement le 25 février 1910. Mais, dès lors, l'entreprise fut rapidement menée; dès le printemps suivant, étaient commencés, rue de Solignac, les travaux d'une première construction, et un an s'était à peine écoulé que les 40 logements qu'elle comporte étaient occupés. En 1911, la Société, poursuivant son entreprise, fit construire, rue de Saverne, un autre groupe de 50 logements, pour lesquels elle ne reçut pas moins de 350 demandes; elle fut, par suite, amenée à compléter ce groupe dès l'année suivante, et à y construire des bâtiments pour 50 autres logements. En sorte que, dès les débuts de l'année 1913, la Société avait employé son capital de 600.000 francs à la construction de 140 logements (plus un logement de concierge, rue de Saverne), et assurait un abri, dans les meilleures conditions hygiéniques, à

(1) L'article 13 de la loi du 12 avril 1906 dit, en effet : « Les sociétés actuellement existantes jouiront, au même titre que celles qui se fonderont après la promulgation de la loi, des faveurs et immunités qu'elle concède, à la condition de modifier leurs statuts, le cas échéant, conformément à ses prescriptions. »

912 personnes, soit une moyenne de 6,50 par ménage (1). On voit, par ce dernier chiffre, que l'œuvre de la Société s'adresse spécialement aux familles nombreuses.

L'achat des terrains et la construction de ces deux groupes a entraîné une dépense totale de 715.886 fr. 90 (terrains, 86.137 fr. 60, et constructions, 629.749 fr. 30). La Ville de Nancy y a contribué par une subvention de 30.000 francs, et la Société a complété la somme qui lui était nécessaire par un emprunt à la Caisse des Dépôts et Consignations.

Les deux groupes édifiés par cette Société comprennent plusieurs constructions de quatre étages chacune, et chaque logement comporte une cuisine spacieuse, deux chambres à coucher, un W.-C. particulier. Un soin tout particulier a été apporté à l'aménagement des services généraux : buanderie, séchoirs, caves, remises à bicyclettes et à voitures d'enfants. Au groupe de la rue de Saverne, des perfectionnements ont été apportés, notamment par l'adjonction d'un débarras à l'une des pièces. Il faut avoir visité les locataires et s'être entretenu avec eux, pour comprendre toute la satisfaction qu'ils éprouvent à trouver là une installation si différente de celle que, pour la plupart, ils occupaient auparavant.

Si appréciable que soit le progrès ainsi accompli, il est bien loin encore de répondre aux mesures que nécessiterait le surpeuplement de presque tous les quartiers populaires (2), et la Société elle-même est loin de considérer son œuvre comme terminée; ce qui l'arrête dans son développement, ce n'est, certes, ni l'initiative et le dévouement de ses dirigeants, ni l'embarras de se procurer les ressources nécessaires. Souhaitons, dans l'intérêt de nombreuses familles ouvrières, que les obstacles qui s'opposent à l'exécution des projets en cours ne tardent pas à être levés (3).

La loi de 1894 a donné aux établissements de bienfaisance le choix entre la construction directe d'habitations populaires ou le prêt à des sociétés de constructions ou de crédit. Le Bureau de Bienfaisance de Nancy a adopté la construction directe, et a fondé, en 1904, l'*Œuvre Nancéienne d'Assistance par l'Habitation*.

Cette œuvre a fait construire deux groupes, l'un de trois maisons et dix logements, dans le haut de la vallée de Boudonville, et l'autre de deux maisons et huit logements, à l'autre extrémité de la ville, dans la prairie de Tomblaine, lieudit « aux Sables ». Chaque logement est de 4 pièces, avec jouissance d'un jardin; les jardins de la Teulotte sont particulièrement appréciés de leurs locataires. Les locations ne dépassent pas cependant 20 francs par mois, soit, en fait, moitié de leur valeur réelle.

Non compris le terrain des Sables, emprise faite sur un plus grand

(1) La moyenne est à peine inférieure à celle de la Société parisienne des logements pour familles nombreuses : 6,9.

(2) Voir ci-après, page 27 et 28.

(3) Un projet comporte une cité de 74 logements, qui serait construite derrière la Pépinière.

terrain, acquis par le Bureau de Bienfaisance pour y établir des jardins ouvriers, la somme dépensée pour l'établissement de ces deux groupes s'élevait, en 1913, à 147.150 francs, soit 8.167 fr. 50 par logement, moyenne évidemment très. élevée, surtout par rapport au loyer annuel de 240 francs. On voit qu'en prenant un caractère de bienfaisance, une entreprise limite nécessairement son champ d'action et son avenir. L'initiative n'en est pas moins digne d'être appréciée, car, plus encore que la Société des Habitations à Bon Marché, elles s'adresse aux familles nombreuses. En 1913, les 18 ménages qu'elle abritait ne comptaient pas moins de 172 personnes, soit, par ménage, une moyenne de 9,5.

D'après le programme que nous avons adopté, nous devons, avant de passer à l'examen d'un autre genre d'entreprises, dire quelques mots des initiatives similaires qu'on rencontre dans la région de l'Est. Mais, à proprement parler, le type de la vaste construction avec nombreux logements destinés à la location simple, ne se rencontre pas ailleurs que dans la grande agglomération nancéienne. Partout ailleurs, on peut donner la préférence à l'habitation individuelle, destinée autant que possible à la location-vente.

C'est à peine si en dehors de Nancy, nous pouvons citer une seule Société ayant pour objet la construction et la gérance de logements multiples donnés en location simple.

La *Société Anonyme Barrisienne des Habitations à Bon Marché* a été fondée en 1903, au capital de 80.000 francs, auquel est venu s'adjoindre une somme de 62.500 francs, avancée à titre de prêt par la Caisse d'Epargne de la ville. Avec cette somme, la Société a acheté deux terrains, sur lesquels elle a fait construire dix maisons jumelles, contenant 36 logements, dont 12 avec jardins. En 1911, elle y abritait 151 personnes, dont 90 enfants. Réglée par une sage administration, rémunérant régulièrement son capital, après la part faite aux amortissements, d'un modeste dividende de 2 %, elle poursuit le cours tranquille de sa destinée, et l'état stationnaire de la ville ne semble pas devoir appeler à nouveau sur ce terrain l'initiative des hommes de bonne volonté.

Il existe, à Bar-le-Duc, une autre société, plus récente, d'habitations à bon marché, qui figure, comme les précédentes, parmi les sociétés dont les statuts ont été approuvés par le Ministère du Travail. Elle a également un capital de 80.000 francs. Mais elle n'est autre que la filiale d'une industrie de tissage, qui a voulu ainsi assurer le logement d'un certain nombre de ses ouvriers. Il s'agit, en réalité, d'une cité ouvrière (1).

---

(1) En Meurthe-et-Moselle, c'est aussi le cas d'une autre société autorisée, la *Société d'habitations à bon marché de Champigneulles et Dieulouard*, que pour cette raison nous n'avons pas mentionnée à sa place.

Ce genre d'initiative mérite toutefois d'être relevé Nous estimons qu'aujourd'hui toute société industrielle qui construit des logements à intérêt, plutôt que d'opérer directement, à se substituer une filiale sous forme de sociétés d'habitations à bon marché. Sans doute, elle peut elle-même bénéficier des exemptions temporaires de contributions foncières, mais

## § II. — Les Habitations individuelles

Nous en avons fini avec la première solution que peut recevoir la question de l'habitation populaire; nous avons vu les diverses initiatives qui ont pour objet l'habitation collective destinée à la location simple. Sans doute, il y a là déjà un grand progrès sur l'habitation surpeuplée, sur le « taudis », auquel tant de familles ouvrières se trouvent encore condamnées. Mais il n'en est pas moins vrai que les logements groupés en cités présentent la forme la plus primitive et la solution la moins satisfaisante que peuvent adopter les habitations à bon marché : il faut, pour cela, l'inexorable nécessité qui, dans une grande agglomération urbaine, comme Nancy, impose la cité ouvrière comme la dure rançon, comme la fatale conséquence de la cherté du terrain et d'une extension désordonnée. Déjà, nous avons rencontré, dans notre exposé, la forme normale de l'habitation ouvrière, la maison isolée, celle du moins qui assure à ses occupants une entrée séparée et la jouissance d'un jardin attenant : c'est alors seulement que le foyer familial, véritablement constitué, peut remplir la plénitude de son rôle moral et social. Et encore faut-il pour cela qu'aux avantages de l'occupation, s'ajoute, pour l'occupant, la possibilité et les facilités d'en acquérir la propriété.

Si évidente que cette vérité soit dans son principe, on ne pourrait, pourtant, l'appliquer sans discernement et, d'une façon générale, inciter tout ouvrier à devenir propriétaire. Pour qu'il puisse le faire sans inconvénient, plusieurs conditions, en effet, sont indispensables : « Il faut, en toute première ligne, qu'il soit jeune encore, de façon à avoir l'assurance de gagner encore longtemps le salaire maximum; il faut, s'il n'est contremaître ou employé supérieur, qu'il soit au moins doué d'une capacité professionnelle qui lui serve, en quelque sorte d'assurance contre le chômage et lui donne la certitude qu'en cas de crise sévissant sur l'établissement où il travaille, il sera le dernier à être remercié ou que, sinon, le cas échéant, il trouvera assez rapidement du travail dans une autre entreprise du voisinage. » Il faut encore que son salaire soit suffisamment élevé pour lui permettre à la fois de faire face à ses charges familiales et de payer les annuités nécessaires à l'amortissement de sa dette. « Il faut, enfin, que l'industrie qui l'emploie soit au milieu ou aux confins d'une agglomération industrielle considérable et où, autant que possible, plusieurs industries soient représentées, exception faite cependant

---

en créant une filiale, elle exonère des frais de constitution et de timbre, ainsi que de l'impôt sur le revenu, la part de son capital qu'elle immobilise dans ses cités ouvrières. L'exonération est importante, quand cette immobilisation porte sur des centaines de mille francs et les millions, comme pour les Sociétés minières du bassin de Briey. De plus, la filiale est plus indépendante que la société elle-même à l'égard des ouvriers qu'elle loge; l'ouvrier, de son côté, se sent plus indépendant. Enfin, la filiale peut bénéficier des emprunts à taux réduit réservés aux sociétés d'habitations à bon marché. C'est ce qu'a fait la Société de Bar-le-Duc. Nous sommes persuadés que le procédé est appelé à se généraliser.

pour certains grands ateliers, comme ceux des Compagnies de chemins de fer, qui ne sont pas susceptibles d'un arrêt dans leur marche, d'une transformation totale ou encore d'une translation dans une autre localité. Il serait, en effet, de la dernière imprudence de conseiller à un ouvrier d'appliquer ses épargnes à l'achat d'une maison, lorsque l'usine où il travaille est la seule dans la localité : en cas de crise, il risquerait de voir ses économies englouties et ses espérances disparaître au moment même où ses épargnes lui seraient indispensables pour aller chercher du travail ailleurs (1). » Mais aujourd'hui, moins que jamais, dans une grande agglomération comme Nancy, ce danger n'existe pas : dans cette ville et généralement dans toutes les agglomérations industrielles de la région, les entreprises se sont multipliées et se succèdent maintenant de proche en proche. Le bon ouvrier peut donc être assuré de trouver à s'employer dans son voisinage plus ou moins immédiat et si même il se trouve, pour une raison quelconque, obligé de quitter la localité, il pourra, sans grand peine ni perte, trouver un amateur pour sa maison. Dès lors, pour l'ouvrier qui réunit les conditions personnelles que nous venons de rappeler, l'accession à la propriété de son foyer se présente comme un moyen d'éducation sociale de premier ordre, sans nul inconvénient qui vienne en balancer les incontestables avantages.

On peut donc s'étonner qu'après un premier effort, qui créa 59 propriétaires en dix ans (2), l'initiative qui fut, en 1872, le but primitif de la Société Immobilière de Nancy, ait mis plus de vingt ans à reparaître. Mais, depuis quelque temps, on la voit se développer dans notre ville, et s'exercer à la fois les trois moyens auxquels on peut avoir recours pour assurer à l'ouvrier désireux de devenir propriétaire le crédit et les facilités qui lui sont indispensables : la coopération, la location avec promesse de vente, le prêt hypothécaire individuel.

C'est en novembre 1903 qu'un groupe d'ouvriers se forma à Nancy pour fonder une société coopérative d'habitation ouvrière, qui prit le nom de *Foyer Lorrain*. Au bout de quatre années, son activité s'était traduite uniquement par la construction de sept maisons et son conseil d'administration avait, dès lors, rencontré l'écueil auquel se heurtent tant de sociétés du même genre: les difficultés financières résultant d'une comptabilité insuffisante et défectueuse. C'est alors que les administrateurs s'adressèrent à M. l'abbé L. Thouvenin, qui, depuis plusieurs années déjà, avait commencé à s'occuper de la question. A ce moment même, la loi du 12 avril 1906 venait assurer aux sociétés d'habitations à bon marché des immunités qui étaient particulièrement précieuses pour les coopératives obligées de calculer étroitement la charge de leurs frais généraux : elle les exempte, en effet, des droits de timbre et d'enregistrement, pour leurs actes constitutifs, et de la taxe de mainmorte, de l'impôt sur le revenu, ainsi que de toute patente. Faut-il rappeler encore que les maisons individuelles ou collectives que construisent ces Sociétés

(1) L. Ferrand, *L'Habitation ouvrière à bon marché*, p. 55 et 56.
(2) Voir plus haut, p. 7

sont, à certaines conditions, affranchies de la contribution foncière et de la contribution des portes et fenêtres, pour une durée de douze années?

Des négociations furent engagées, la comptabilité mise à jour et, à la suite de deux assemblées générales, où tous les points obscurs furent éclaircis, le Conseil d'administration fut en partie modifié, et M. l'abbé Thouvenin devint secrétaire de la Société. Depuis cette époque, le *Foyer Lorrain* n'a connu que des succès et il est en train de devenir l'une des sociétés coopératives les plus importantes de la France entière.

Nous ne pouvons suivre pas à pas le *Foyer Lorrain* dans sa carrière si courte encore et pourtant si remarquable déjà et si féconde. Mieux vaut la résumer en un seul tableau, dont les chiffres parleront d'eux-mêmes.

| Années — au 31 Xbre | Nombre de Maisons | Nombre d'actionnaires | Sommes payées à valoir sur ces Maisons | Sommes versées par les actionnaires | | | Emprunts | Taux du dividende | Réserves |
|---|---|---|---|---|---|---|---|---|---|
| | | | | Locataires acquéreurs | Actionnaires simples | Au Total | | | |
| | | | Frs. | | | Frs. | Frs. | | Frs. |
| 1908 | 9 | 111 | 85.549,95 | ? | ? | 45.689,55 | 42.200 | — | 45,40 |
| 1909 | 18 | 125 | 183.922,60 | ? | ? | 99.228,50 | 95.400 | 3,00 | 736,41 |
| 1910 | 30 | 133 | 321.412,20 | 142.312,80 | 34.023,80 | 175.336,60 | 185.000 | 3,25 | 2.255,10 |
| 1911 | 69 | 189 | 639.974,15 | 191.290,65 | 93.458,35 | 284.749,00 | 296.000 | 3,25 | 5.049,30 |
| 1912 | 85 | 217 | 843.621,05 | 280.270,60 | 112.855,75 | 393.126,35 | 496.000 | 3,00 | 9.533,40 |
| 1913 | 113 | 254 | 1.103.477,50 | 376.874,50 | 118.774,60 | 495.649,10 | 584.730 | 3,25 | 14.122,82 |

Ainsi, en moins de six ans, plus de cent familles ont pu se mettre en mesure d'arriver à la possession de leur foyer, dans les meilleures conditions d'hygiène et de salubrité, et quelques-unes y sont déjà parvenues, devançant de beaucoup les termes qui leur avaient été donnés pour l'amortissement de leurs prix d'acquisition. Les maisons ainsi construites ont d'habitude quatre ou cinq pièces et comprennent en outre, buanderie, cave, grenier et toujours un jardinet.

A Nancy même, en raison du prix élevé du terrain, les maisons affectent forcément le type urbain, c'est-à-dire qu'elles sont rarement isolées et que, pour la plupart, elles sont accolées à d'autres habitations et comportent toujours au moins un étage. Elles donnent donc moins que les maisons de la banlieue l'heureuse et complète, impression du chez soi. Mais indépendamment des questions, si importantes d'ailleurs, de ressources et de moyens de communication, il serait ordinairement impossible de réaliser en ville cette condition si favorable de l'isolement, tout en restant dans les limites de la valeur locative qui peut assurer aux habitants le bénéfice des avantages prévus par la loi du 12 avril 1906.

Est-il besoin de rappeler une fois de plus ici le mécanisme de la coopération en matière d'habitation? Il consiste essentiellement en un double contrat : d'une part, un bail ordinaire, avec loyer fixé ordinairement à 3,75 p. 100 du prix de revient de la maison, charges en sus; d'autre part, promesse d'attribution faite par la Société à son locataire, et stipulée réalisable au bout d'un certain nombre d'années, après paiement d'une certaine somme, à effectuer en un certain nombre de versements. Avant de consentir la promesse de vente, la Société exige, à valoir sur le prix de la maison, le versement d'un à-compte d'au moins 10 p. 100, qui garantisse la sincérité du locataire et l'exécution immédiate de toutes les clauses du contrat. En représentation de son prix, le locataire acquéreur souscrit des actions, qu'il libère au fur et à mesure de son loyer, et qu'il remet à la Société le jour où elles sont entièrement libérées et où il peut, en échange, recevoir l'attribution de sa maison. Nous disons : l'attribution; c'est en effet sous cette forme que se réalise la promesse de vente; il en résulte comme avantage pour l'acquéreur, l'économie très appréciable des droits de mutation, soit, tout compte fait, près de 700 francs pour un immeuble de 10.000 francs.

Jusque là, rien de spécial au *Foyer Lorrain*. Mais ce qui le distingue, lui et les sociétés voisines et similaires qu'il réunit autour de lui, c'est la vie qu'il a donnée à son groupement, c'est le développement qu'ont pris, sous son impulsion et parmi ses adhérents, la prévoyance et la mutualité. L'amortissement d'une maison ne peut suivre une marche normale et aboutir à l'attribution qu'autant que le chef de famille reste à l'abri de toutes les éventualités fâcheuses ou douloureuses qui peuvent se produire : mort, maladie, chômage. Il importe donc de prévoir ces risques et d'y porter remède, le cas échéant. De là, les assurances en cas de décès : au 31 décembre 1913, le *Foyer Lorrain* avait fait passer par ses participants 94 contrats, avec primes réductibles en proportion de l'amortissement. (Ces assurances sont toutes faites à la Caisse Nationale des Assurances sur la vie.) De là aussi, les Caisses mutuelles de secours contre la maladie et le chômage : ici encore les primes sont proportionnelles à l'annuité. C'est l'organisation de cette proportionnalité dans les primes à payer et les secours à recevoir qui fait l'originalité de la « Famille Lorraine », imaginée par M. l'abbé Thouvenin, et destinée à garantir les locataires acquéreurs du *Foyer Lorrain*. Elle a déjà trouvé des imitateurs dans d'autres parties de la France.

Indiquons en deux mots le fonctionnement de cette caisse. La cotisation *annuelle* représente, suivant le désir du mutualiste, le 1/100e ou le 2/100e de la mensualité. L'indemnité quotidienne dans le cas d'arrêt du travail est de 1/60e de la mensualité, dans la première hypothèse, et de 1/30e dans la seconde.

Soit, par exemple, une mensualité de 40 francs. La cotisation mensuelle sera de 0 fr. 40 ou de 0 fr. 80. L'indemnité mensuelle, en cas de chômage ou maladie, sera donc égale à la mensualité tout entière ou à la moitié de la mensualité, suivant que l'ouvrier aura versé 0 fr. 80 ou 0 fr. 40 de cotisation (1).

(1) En 1913, la *Famille Lorraine* a payé à ses assurés huit indemnités correspondant à 221 journées de maladies, et 60 francs d'allocations pour naissances et primes accordées à ses familles les plus nombreuses.

En outre, chaque année, l'assemblée générale vote, sur les bénéfices, des allocations à ses assurés chargés de famille, soit 5 francs par enfant à toute famille ayant plus de deux enfants, et 10 francs par naissance.

Administrée avec une intelligence, une ponctualité et un dévouement remarquables, et ayant aujourd'hui fait ses preuves, le *Foyer Lorrain* peut compter recruter de jour en pour de nouveaux adhérents, petits employés et modestes ouvriers, tous poussés par le vif désir de vivre sous un toit qui soit bien à eux, et où ils trouvent à la fois, pour eux et leur famille, le bien-être, l'indépendance et la santé : cette Société devrait donc voir s'ouvrir devant elle un avenir pour ainsi dire illimité, si elle ne se heurtait dans son essor à un double obstacle, qui arrête plus ou moins le développement de toute société d'habitations à bon marché, nous voulons dire : la difficulté de se procurer des fonds en suffisance et la rareté de terrains d'un prix abordable. De ces difficultés, sur lesquelles, d'ailleurs, nous aurons à revenir bientôt, la première est de beaucoup la moindre pour les sociétés coopératives, depuis que la loi du 23 décembre 1912 leur permet d'augmenter leur capital chaque deux ans, non plus de 200.000 mais de 500.000 francs, et qu'en dépit du nombre et de la minutie des formalités elles peuvent puiser à la Caisse des Dépôts et Consignations les emprunts qui leur sont nécessaires. Mais la cherté des terrains, à part quelques rares coins de la périphérie, est, pour la multiplication de la maison ouvrière, un obstacle à peu près insurmontable dans une ville comme Nancy, qu'une extension imprévoyante et anarchique a littéralement congestionnée (1).

Nous nous sommes étendu assez longuement sur le *Foyer Lorrain*, pour nous permettre de ne dire que quelques mots des sociétés similaires qui sont aujourd'hui groupées autour de lui.

C'est d'abord, par ordre de date, le *Foyer Familial*, de Bouxières-aux-Dames, qui a débuté, le 25 novembre 1906, avec 17 sociétaires et en compte aujourd'hui 77, chiffre très considérable pour une commune dont la population n'atteint pas 1.300 âmes. Cette société a déjà fait construire 13 maisons, sur lesquelles 2 ont déjà été attribuées.

Sa voisine, le *Foyer Familial de Frouard*, est en même temps sa contemporaine, puisqu'elle date du 25 janvier 1907, et jouit, comme elle, d'une prospérité croissante. Le nombre de ses locataires est passé successivement et d'année en année, de 7 en 1910 à 10, 15 et enfin 25, à ce moment même.

Les deux sociétés de Frouard et de Bouxières se sont adjoint chacune une mutualité, une « Famille », qui fonctionne dans les mêmes conditions que la *Famille Lorraine*.

En raison de l'importance de la ville où il est établi, le *Foyer*

---

(1) Sur le *Foyer Lorrain* et la coopération en matière d'habitations en général, nous recommandons la lecture du beau livre de M le docteur Rémy Collin, professeur à la Faculté de médecine de Nancy : *Les foyers nouveaux*, préface de M. Maurice Barrès; Paris, Blond, 1912.

*Familial* de Lunéville est, après Nancy, la plus importante des sociétés dont nous résumons l'entreprise. Relativement à la population, on peut même dire qu'elle dépasse de beaucoup le *Foyer Lorrain*, puisque dans une ville qui ne compte guère plus de 25.000 habitants, elle a déjà fait construire, depuis sa fondation (24 janvier 1907, 52 maisons. Il est vrai que le choix des terrains lui est beaucoup plus facile et moins onéreux qu'à Nancy. De plus, elle a trouvé des concours particulièrement précieux. C'est d'abord la caisse d'épargne qui, bien que faisant construire elle-même, n'a pas hésité à lui faire un prêt de 30.000 francs, amortissable en vingt années, au taux de 2 p. 100, suivi bientôt de deux autres prêts de 20.000 francs chacun, à 3 p. 100. De leur côté, des industriels bien connus, MM. Keller et Guérin, lui ont avancé 7.000 francs, au taux de 2 p. 100. Bien mieux, par une initiative qu'on peut donner comme modèle, ils font des avances en compte-courant à ceux de leurs ouvriers qui sont locataires-acquéreurs du *Foyer Familial;* ceux-ci, en retour et d'accord avec le *Foyer Familial*, s'engagent à ne point réaliser l'attribution avant le remboursement de ces avances.

De même la Société de Montataire, après avoir accordé deux souscriptions de 5.000 francs à chacun des Foyers de Frouard et de Bouxières, fait masse chaque année des dividendes qui lui sont échus et les fait répartir également entre les comptes de ceux de ses ouvriers qui sont locataires acquéreurs (1).

Le *Foyer Familial de Pont-à-Mousson* ne date que de 1912. Au 31 décembre 1913, il avait déjà fait construire huit maisons (dont une à Pagny-sur-Moselle), et en avait cinq autres en projet. Ces cinq autres maisons vont être prochainement construites grâce au prêt que la société vient d'obtenir de la Caisse des Dépôts.

En résumé, les cinq sociétés actuellement existantes ont en leur possession 210 maisons, qu'elles ont fait construire elles-mêmes (2) et pour lesquelles, au 31 décembre 1913, elles avaient employé une somme de 1.674.853 fr. 15, dont 765.000 francs provenant d'emprunts et le surplus fourni par les actionnaires et les réserves. Sur cette somme de 1.674.853 fr. 15, leurs locataires-acquéreurs avaient déjà amorti, à cette date, 581.479 fr. 35. Qui dira tous les sages calculs et les efforts méritoires que représente une somme ainsi économisée et, en partie tout au moins, détournée des tentations du cabaret et des amusements vains et dangereux! Qui dira aussi tout ce qu'elle a procuré de saines jouissances, de bien-être et de santé!

Ajoutons encore que, grâce à la prudence et à la rigoureuse exactitude de leur gestion, ces sociétés ont pu constituer des réserves qui s'élevaient déjà, au 31 décembre 1913, à 21.864 fr. 45 et que toutes rémunèrent régulièrement leur capital. (Dividendes pour

(1) Le Conseil d'administration des *Chantiers et Ateliers de Penhouët* a pris une décision analogue en faveur de l'*Abri familial de Saint-Nazaire*. Nous nous plaisons à reproduire ces exemples, espérant qu'ils pourront décider ceux d'entre les industriels de cette région qui sont à même de les imiter.

(2) A ces 210 maisons, il faut en ajouter 9 autres qui ont été attribuées à leurs locataires-acquéreurs après entier paiement. Leur prix de revient total est de 58.581 fr. 35.

1913 : Nancy, Bouxières, Frouard, 3,25 p. 100; Lunéville, 3 p. 100; Pont-à-Mousson [premier exercice], 2,75 p. 100.)

Aux cinq coopératives déjà existantes, se sont joints, dans ces derniers temps, trois nouveaux « Foyers Familiaux », fondés dans des localités où le besoin d'habitations nouvelles se fait particulièrement sentir : Blainville-sur-l'Eau (20 juillet 1913), Labry, près Conflans (25 janvier 1914), et Ligny, département de la Meuse (février 1914).

Toutes ces Sociétés se sont groupées en 1913, pour la défense de leurs intérêts communs, et ont formé l'*Union Lorraine des Sociétés coopératives d'habitations à bon marché*. Elles ont un organe mensuel, *Le Foyer Familial*.

Pour compléter cet exposé sommaire de la coopération s'exerçant à Nancy et dans sa banlieue en matière d'habitation ouvrière, il ne nous reste qu'à parler de l'*Habitation Familiale*, société à capital variable, formée en 1909, au capital initial de 20.000 francs, porté depuis lors à 100.000 francs (sur lesquels 13.000 avaient été effectivement versés au 31 décembre 1913). Ses adhérents se recrutent principalement parmi les membres participants de la Société de secours mutuels des Ouvriers et Ouvrières en chaussures de la ville de Nancy. Cette Société a fait construire, jusqu'à ce jour, quatre maisons, et a obtenu, à cet effet, un prêt de 25.000 francs de la Caisse des Dépôts et Consignations. A noter dans son fonctionnement un seul trait distinctif : elle paie, au nom de ses locataires-acquéreurs, au moment du contrat, une prime unique pour assurance-décès, et l'amortissement de la somme ainsi versée se joint en un seul total à l'amortissement du prix principal. Pour les bénéficiaires des Foyers, l'assurance-décès reste, au contraire, un contrat distinct de la location-vente. Les deux systèmes peuvent se défendre l'un et l'autre, ayant chacun leurs avantages propres.

L'*Habitation Familiale* est régulièrement administrée et donne annuellement un dividende de 3 p. 100 à ses participants. Il faut reconnaître toutefois que son action est très limitée et ne semble guère révéler l'utilité d'un groupement spécial et distinct des Foyers dont nous venons de retracer la vigoureuse et grandissante initiative (1).

Notre enquête dans la région nous a révélé l'existence d'une seule coopérative : le *Coin du Feu Vosgien*. Fondée à Epinal en 1908, au capital de 30.000 francs, cette société a fait construire, jusqu'à ce jour, seize maisons individuelles qu'elle a louées, au taux de 4 p. 100, aux conditions usitées en pareil cas, à seize locataires-acquéreurs, ayant de deux à sept enfants. Grâce aux concours qu'elle trouve auprès de ses associés-simples, qui ont souscrit 109.300 francs d'actions ordinaires, elle a pu augmenter son capital au fur et à mesure de ses besoins, et le porter à 231.600 francs, sans, d'autre part, recourir à l'emprunt. Les besoins d'habitations ouvrières dans l'ag-

(1) Citons enfin, pour mémoire, la *Maisonnette Lorraine*, société coopérative en formation, au capital de 25.000 francs, divisé en 250 actions de 100 francs.

glomération spinalienne, non moins que l'excellence de sa gestion, devraient assurer à cette Société un assez large champ d'action, si elle ne se trouvait gênée dans ses entreprises par la hausse constante du prix des travaux de construction et des terrains.

Malgré le succès que trouve très fréquemment la forme coopérative auprès des intéressés, elle n'échappe pas, en pratique, à de sérieux reproches : à la facilité avec laquelle ces sociétés se constituent, à la simplicité avec laquelle elles peuvent fonctionner, on oppose la trop grande multiplicité des entreprises et l'inutile dispersion de l'effort coopératif, l'imprévoyance fréquente et l'imprudence de la gestion, l'insuffisante indépendance des administrateurs dans le choix des locataires-acquéreurs, et la fréquente imprécision de leur comptabilité. Ces objections tendent à devenir traditionnelles : elles prouvent tout simplement que les coopératives d'habitation prospèrent difficilement lorsqu'elles restent sous l'unique direction des membres qui en bénéficient et qui aspirent à la prospérité d'un foyer. Le temps et l'expérience leur font trop souvent défaut, et pour que leurs efforts soient couronnés de succès, il faut qu'ils soient non seulement encouragés, mais activement secondés par les membres associés simples, qui appartiennent, en fait, à une classe toute différente de celle des locataires-acquéreurs. Il faut que l'administration soit partagée entre les uns et les autres, entre ceux qui vivent de leur travail journalier et, s'initient, par l'économie, à la possession d'un foyer, et, d'autre part, ceux qui jouissent des avantages d'une situation sociale plus élevée et plus indépendante. Loin d'être une objection qui milite contre la forme coopérative en matière d'habitation, une telle obligation est l'un des meilleurs arguments qu'on puisse faire valoir en sa faveur; pleinement remplie, c'est elle qui peut donner à ces entreprises leur plus haute portée sociale. Après ce que nous avons dit des diverses coopératives immobilières de notre région, il semble bien que ce soit là pour elles la condition de leur existence, le secret de leur prospérité et, pour la plupart, le gage d'un heureux et brillant avenir.

En dépit de la similitude du nom, le *Coin du Feu Lorrain* se présente avec un programme tout différent de celui du *Coin du Feu Vosgien*, et c'est bien une voie nouvelle qui s'ouvre ici pour notre enquête. Sans doute, l'objet au fond est le même : il s'agit toujours de faciliter à la famille ouvrière l'acquisition d'une maison individuelle qui, à proprement parler, peut seule constituer pour elle un véritable foyer. Mais à la forme coopérative, les initiateurs du *Coin du Feu Lorrain* ont préféré la forme d'une société anonyme qui construit d'abord à son compte et par série, puis revend maison par maison, avec paiement différé, généralement réparti en vingt annuïtés. Sans doute, le prix de revient est plus bas avec la construction par série, mais ce procédé n'est pas absolument interdit à une société coopérative comme le *Foyer Lorrain*. qui fait aujourd'hui construire de 20 à 40 maisons par an. Pour une société anonyme, la baisse de prix se trouve, d'autre part, à peu près neutralisée par les 9 p. 100 de frais d'acquisition qui viennent s'ajouter au prix établi d'accord entre les parties. L'acquéreur, au surplus, n'ayant pas, comme le coopérateur, assisté à la construction de l'immeuble, présidé à l'élaboration du plan, à l'aménagement des détails, et se trouvant avoir une maison semblable à quatre, six, huit maisons voisines, ne peut ressentir, autant que le coopérateur, le même sentiment de bien-être et de possession familiale. La société, de son côté, peut avoir à attendre plus ou moins longtemps ses acquéreurs et voir ainsi une plus ou moins forte part de son capital rester improductif. Quoi qu'il en soit, dans une grande agglomération comme l'agglomération nancéienne, toutes les formes d'entreprises, toutes les modalités de l'habitation à bon marché, peuvent trouver un utile emploi.

Fondé en 1910, le *Coin du Feu Lorrain* a aussitôt entrepris, sur un terrain situé chemin de la Côte, au-dessous de la Cure d'Air, la construction d'un groupe de six maisons jumelles, comportant, par conséquent, douze habitations, avec jardin attenant. Ces douze habitations ont été vendues moitié en 1912, moitié en 1913. Dès avant la fin de cette opération, la Société en a entrepris une autre à la Californie, territoire de Jarville : elle a fait construire six maisons, qui sont actuellement en cours de vente.

Le capital social est aujourd'hui immobilisé par cette double opération, et la Société, pour continuer son œuvre, doit emprunter. Il ne semble pas qu'en fait elle puisse s'adresser ailleurs qu'à la Caisse des Dépôts et Consignations. Mais cet établissement ne veut prêter qu'autant que la Société est en mesure de lui donner le nom des acquéreurs. Comme le *Coin du Feu Lorrain* construit avant de vendre, une telle condition est en contradiction directe avec son objet et aboutit à rendre impossible ce genre d'opérations.

Dans la région, nous avons à signaler deux importantes Sociétés anonymes, fondées l'une et l'autre, il y a plus de vingt ans, sur l'initiative d'industriels du lieu et ayant pour objet principal de faciliter l'acquisition de maisons individuelles, au moyen de la location-vente. Nous aurons ensuite à parler de plusieurs Caisses d'épargne, trop peu nombreuses, à la vérité, qui se sont fait une place à part dans ce genre d'opérations.

*La Société anonyme des Habitations ouvrières d'Epinal* a été fondée pour une durée de trente années, au capital variable de 120.000 francs, porté ensuite à 300.000 francs. Toutefois, sur ce capital de 300.000 francs, il n'y a jamais eu lieu d'émettre que 189.000 francs, en actions de 100 francs.

Les débuts de la Société ont été particulièrement actifs. Elle achetait des terrains, qui étaient alors à bas prix (1 et 2 francs le mètre carré). Elle traçait la rue, faisait le lotissement et établissait des plans et devis, d'abord uniformément et par séries et, par la suite, d'accord avec les futurs acquéreurs. La maison une fois élevée, on en calculait le prix de revient, tous frais et intérêts de 4 p. 100 compris, puis on en faisait la location-vente, avec prix ordinairement réparti en dix-huit annuités.

C'est ainsi que la Société a ouvert cinq rues et construit 74 maisons, presque toutes avec jardin attenant, comportant 142 logements et abritant environ 615 personnes. Elle a, en outre, revendu un certain nombre de terrains sur lesquels les acquéreurs ont construit eux-mêmes.

Grâce à une administration vigilante, la situation de la Société a toujours été bonne. De très bonne heure, elle a distribué un dividende de 3 p. 100 qui, après quelques fluctuations, est arrivé au maximum statutaire de 4 p. 100.

Au début, le prix de revient des maisons que construisait la Société variait de 5.500 à 7.000 francs, mais il s'est élevé très sensiblement par la suite, jusqu'à atteindre 20 et 25.000 francs. On conçoit qu'avec ces prix la Société n'a pu travailler pour sa clientèle originaire d'ouvriers et petits employés, et qu'elle est sortie de son champ d'action primitif; c'est bien ce que constate le dernier rapport présenté à l'assemblée annuelle du 11 juin 1914. Il fait pressentir que lorsque la Société aura utilisé ou vendu les dix lots de terrain qu'elle possède encore, elle ne pourra trouver d'autres terrains pouvant se prêter à de véritables constructions ouvrières et qu'alors, au fur et à mesure des annuités qu'elle encaissera de ses locataires-acquéreurs, elle sera amenée à rembourser son capital.

*La Société anonyme des Habitations à bon marché de Longwy* est dûe à l'initiative de la Société des Aciéries de Longwy, d'accord avec d'autres industriels du bassin. Elle a été fondée en 1894, au capital de 260.000 francs, entièrement versé; d'autre part, elle a emprunté, par la suite, pour compléter ses moyens d'action, une somme de 720.000 francs, que la Caisse des Dépôts et Consignations lui a avancée au taux de 3 p. 100.

Avec ces fonds, la Société a fait construire pendant les huit premières années de son existence, 230 maisons individuelles, sur lesquelles 62 ont été vendues depuis lors et entièrement payées. Le surplus, soit 168, sont louées, les unes par location simple, les autres par location-vente, payables en 20 annuités, avec faculté d'anticiper.

Notons, comme détail particulier, qu'un surveillant est spécialement chargé d'assurer la bonne tenue des logements; des primes en argent et des diplômes sont attribués chaque année aux locataires qui se sont fait remarquer particulièrement par la bonne tenue de leur logement.

La Société distribue régulièrement un dividende de 3 p. 100.

C'est par la loi du 20 juillet 1895, que les *Caisses d'épargne* ont été autorisées à employer leur fortune personnelle, jusqu'à concurrence d'un cinquième, en acquisitions ou constructions d'habitations à bon marché. Mais, jusqu'à ce jour, la faculté ainsi donnée par la loi ne semble pas avoir beaucoup tenté ces établissements. Leurs administrateurs préfèrent encore ne point engager, si peu que ce soit, leur responsabilité et laisser la totalité des fonds disponibles de leur caisse en compte courant à la Caisse des Dépôts et

Consignations, ou les placer en rentes sur l'Etat, plutôt que d'apporter au progrès social un utile concours (1).

Mais si c'est là une constatation d'ordre général, ce serait, d'autre part, pour certaines caisses de notre région, un reproche bien immérité. Mettons tout d'abord de côté la Caisse d'épargne de Nancy, qui, pour des raisons particulières, ne peut, avant longtemps, songer à faire de ses fonds personnels l'emploi qui nous occupe (2).

Ceci dit, nous devons mettre en première ligne la *Caisse d'épargne de Briey;* à l'actif de son bilan, les habitations ouvrières figurent pour 263.769 fr. 73; cette somme a été employée, dans le courant de ces dix dernières années, à la construction de 26 maisons, 12 jumelles et 14 isolées, comprenant 38 logements, de chacun 3 pièces et cuisine, avec cave, grenier, appentis et jardin de 4 ares, le tout pour un loyer de 18 à 20 francs par mois. Les 38 familles ainsi logées comptent en tout 160 personnes. Certaines maisons sont louées avec promesse de vente, dans les termes usités en pareil cas, c'est-à-dire avec prix payable par mensualités. En raison de la présence des demandes nouvelles qui lui sont faites, la Caisse sera amenée à poursuivre l'œuvre ainsi entreprise, sitôt que ses ressources le lui permettront.

*Pont-à-Mousson* a employé une somme de 72.000 francs à construire 12 habitations, toutes louées avec promesse de vente, et abritant actuellement 82 personnes. En raison de la cherté croissante des matériaux et de l'augmentation de la main-d'œuvre, la Caisse n'a pas cru, depuis deux ans, devoir pousser plus loin son entreprise, mais l'intention de ses administrateurs est de la reprendre dès qu'ils seront en mesure de le faire.

Si nous avions à considérer l'ensemble des œuvres sociales qu'une Caisse peut entreprendre, le premier rang reviendrait certainement à *Lunéville*, qui peut faire figurer sous cette rubrique, à son dernier bilan, une somme de 268.504 fr. 73. Dans cette somme, sont comprises les dépenses nécessitées par la construction d'une crèche (38.172 fr. 68) et de bains-douches (116.725 fr.), par l'achat de terrains actuellement transformés en jardins ouvriers (6.230 fr.). En ce qui concerne les habitations ouvrières, la Caisse a souscrit, en plusieurs fois, 140 obligations de 500 francs (60 à 2 p. 100, 80 à 3 p. 100) au *Foyer Familial de Lunéville*, et 10 actions de 500 francs à la *Société Lorraine de Crédit Immobilier;* elle a fait à un ouvrier un prêt hypothécaire de 4.200 francs, au taux de 3 p. 100; enfin, elle a, pour une somme de 43.381 francs, construit elle-même une maison collective de quatre logements, avec jardin, destinée à la location simple, et deux groupes de deux maisons jumelles, avec jardin, parfaitement aménagées, louées chacune pour vingt ans,

---

(1) Au 1er janvier 1912, la part dont les Caisses pouvaient disposer en faveur des habitations ouvrières s'élevait à 50 millions; elle ne leur avaient affecté que 2 millions et demi, dont moitié environ destinée à des constructions et acquisitions directes.

(2) Jusqu'en 1905, la Caisse d'Epargne de Nancy versait aux Hospices ses bénéfices annuels. Depuis lors, une réserve a dû être constituée pour permettre la construction actuellement projetée d'un Hôtel de la Caisse d'Epargne, et le montant de la dépense que comporte l'exécution [illegible] projet est loin encore d'être atteint.

avec promesse de vente : après avoir payé en entrant un dixième du prix (630 ou 680 francs), chaque locataire se trouvera propriétaire au bout de son bail, par le seul paiement d'un loyer annuel de 200 francs.

On voit que, par la multiplicité et la variété de ses œuvres, la Caisse d'épargne de Lunéville mérite une place à part dans notre exposé.

Rappelons encore les prêts faits par la Caisse d'épargne de Bar-le-Duc aux deux Sociétés d'habitations à bon marché de la ville. Mais là s'arrête la liste des initiatives et des participations de ces établissements dans nos trois départements lorrains; il est certain que cette liste pourrait être beaucoup plus longue, et que plusieurs Caisses d'épargne des Vosges devraient y figurer.

## III. — Le Crédit Immobilier

Habitation individuelle ou habitation collective, location simple ou location-vente, société anonyme ou société coopérative, telles sont les formes et les voies diverses entre lesquelles peut choisir une entreprise d'habitations à bon marché. Nous avons vu que toutes ces variétés se rencontrent dans notre région de l'Est et y ont toutes pris un plus ou moins grand développement.

La loi du 10 avril 1908, votée sur l'initiative et les instances de MM. Ribot et Siegfried, est venue ajouter aux organisations déjà prévues et réglementées par les lois antérieures, un autre genre d'organisation, de nature purement financière : ce sont les Sociétés de crédit immobilier. Ces sociétés ont un double but : elles permettent aux travailleurs de se procurer à taux réduits l'argent nécessaire, soit à l'acquisition de biens ruraux, soit à la construction de maisons individuelles à bon marché, et, d'autre part, elles font des avances aux Sociétés d'habitations à bon marché, constituées selon la loi du 12 avril 1906, en vue de faciliter à leurs bénéficiaires l'accession à la propriété individuelle.

A cet effet, l'État peut emprunter à la Caisse Nationale des Retraites une somme de cent millions, à 3,50 p. 100, qu'il tient à la disposition des Sociétés locales de crédit immobilier, moyennant un intérêt de 2 p. 100. La différence des taux d'emprunt est supportée par le budget, comme subvention et encouragement donné à la petite propriété. Grâce à l'intérêt réduit qu'elles supportent, les nouvelles sociétés peuvent assurer à leurs bénéficiaires de l'argent à bon marché, soit au taux maximum de 3,50 p. 100 pour les particuliers, 3 p. 100 pour les sociétés anonymes, et 2,50 p. 100 pour les sociétés coopératives.

Si le mécanisme est simple et ingénieux, son fonctionnement n'a été, jusqu'à ce jour, dans notre région du moins, ni très actif, ni très puissant. La loi était à peine publiée qu'on reconnaissait la nécessité d'en remanier certaines dispositions : il fallait décentraliser les sociétés, réduire le capital qu'elles devaient réunir pour se former, augmenter leurs facilités d'emprunt, simplifier les formalités administratives imposées aux intéressés. Ce fut l'objet des lois des 26 février 1912 et 11 février 1914. On annonça que, grâce à leurs dispositions, avec un capital nominal de 100.000 francs, libéré seulement d'un quart, soit 25.000 francs, une Société de crédit immobilier serait dorénavant en mesure d'obtenir une avance immédiate de 287.500 francs, qui, au bout de vingt ans, pourrait s'élever à la somme de 1.538.000 francs. Il semble donc que le champ soit maintenant largement ouvert à l'activité de ces organisations nouvelles et, en effet, les résultats récemment publiés semblent indiquer qu'après les difficultés du début, l'institution va prendre son essor (1).

A Nancy, deux sociétés se sont fondées pour profiter des dispositions de la loi : c'est la *Société anonyme régionale de Crédit immobilier pour le département de Meurthe-et-Moselle*, qui a surtout pour objet les prêts individuels, et la *Société Lorraine de Crédit immobilier*, dont le principal but est de prêter à un taux très réduit (2,50 p. 100), aux coopératives affiliées à l'Union Lorraine, les fonds nécessaires à leurs opérations. Pour des raisons différentes, ni l'une ni l'autre de ces sociétés n'ont pu, à proprement parler, donner signe de vie jusqu'à présent.

La première a été fondée dans le courant de l'année 1911, au capital de 200.000 francs. Bien qu'elle en soit déjà à son troisième président, elle n'a pu encore faire que deux prêts individuels et, malgré tout le zèle et la compétence de son nouveau président, on peut se demander si, les conditions actuelles restant inchangées, elle est jamais appelée à prendre un certain développement. Et, tout d'abord, les conditions faites par les Foyers Lorrains et autres apparaissent plus aisées à remplir et plus attrayantes : l'emprunteur, pour construire, n'a besoin que d'avoir le dixième du prix total, et non le cinquième; il trouve dans la coopération une société qui lui assure aide et assistance, tant pour la construction elle-même que pour la libération du prix; il ne voit pas son prix augmenté de dix ou quinze pour cent, suivant son âge, par le paiement obligatoire d'une prime unique d'assurance sur la vie; les primes annuelles sont bien plus faciles à supporter. En outre, livré à lui-même, il peut difficilement trouver un entrepreneur qui s'engage à construire une maison convenable pour le prix strictement limité que ne doivent pas dépasser les maisons individuelles à bon marché. Ailleurs, au contraire, là où on construit le plus fréquemment en briques ou en agglomérés, il est plus facile de rester dans les limites du prix fixé par la loi, et c'est ce qui explique notamment le développement qu'ont pris, dans la région du Nord, les sociétés similaires.

De son côté, la société formée par l'Union Lorraine a été, jusqu'à ce jour, réduite à une complète inactivité.

Les conditions imposées par les articles 28 et 29 de la loi du 23 décembre 1912 rendent cet article inapplicable, comme l'avait d'ail-

---

(1)

| | *Nombre de sociétés approuvées.* | *Capital versé.* | *Avances reçues.* |
|---|---|---|---|
| Au 1er janvier 1912 | 11 | 864.000 | 826.000 |
| Au 1er janvier 1913 | 27 | 1.178.000 | 3.371.000 |
| Au 1er janvier 1916 | 65 | 4.620.000 | 11.736.000 |

leurs prévu et déclaré le rapporteur de la loi. L'application de ces articles a donné lieu à de très nombreux commentaires, dont l'exposé nous entraînerait beaucoup trop loin. Disons seulement que des sociétés comme le Foyer Lorrain, Les Foyers de Lunéville et de Frouard ne peuvent emprunter à la nouvelle société de crédit parce qu'elles ont déjà reçu des avances de la Caisse des Dépôts. Bien plus, les autres coopératives, celles-là même qui n'ont rien reçu de la Caisse des Dépôts, trouveraient pour emprunter à cette société des difficultés telles qu'elles y ont renoncé. Sans parler des formalités multiples qui viendraient s'ajouter à toutes celles que nécessite le fonctionnement déjà si complexe d'une coopération, il leur faudrait exiger de leurs locataires-acquéreurs le versement préalable, non plus d'un dixième de leurs prix, mais d'un cinquième, et leur imposer l'obligation de contracter, pour tout ce qui reste dû, une assurance sur la vie avec prime unique : autant d'obligations et de charges qui, pour bon nombre de coopérateurs, rendraient à peu près impossible l'accession à la propriété (1). On reconnaît bien là les traditionnels procédés du formalisme administratif et légal : pour se couvrir, il réduit au minimum la portée de ses initiatives et l'utilité de son action.

Dans la région et en dehors de Nancy, les sociétés similaires sont plus récentes encore : à Epinal, s'est fondée la *Société de crédit immobilier des Vosges*, qui vient d'obtenir de la Caisse des Dépôts et Consignations une ouverture de crédit de 175.000 francs; de même, à Saint-Dié, existe, depuis peu, la *Société déodatienne de crédit immobilier*. Mais ni l'un ni l'autre de ces sociétés n'ont encore effectué d'opérations.

## IV. — Considérations générales et conclusions

Arrivé au terme de notre enquête, nous sommes amené tout naturellement à essayer une vue d'ensemble sur la question et à tirer quelques conclusions.

De tous les débats que soulève la question, il en est un qui la domine toute entière : l'initiative privée est-elle impuissante à donner aux entreprises d'habitations à bon marché tout le développement nécessaire? Faut-il la compléter, sinon la supplanter par des entreprises administratives des communes, et généralement par l'action des pouvoirs publics?

Nous avons vu que dans notre région de l'Est, l'initiative privée s'est affirmée partout où la question s'est posée, partout où le besoin d'habitations populaires s'est fait sentir, et elle a poussé son action par toutes les voies qui lui étaient ouvertes. Tous ceux qui en sont les promoteurs et les soutiens s'accordent dans leur conclusion : « Qu'on nous fasse de bonnes lois, c'est-à-dire des lois qui ne para-

(1) Deux propositions de loi sont actuellement déposées en vue de donner une solution pratique aux difficultés soulevées par l'application des articles 28 et 29 de la loi du 23 décembre 1912; l'une émane de MM. Strauss et Ribot, sénateurs, l'autre de M. Louis Marin, député de Meurthe-et-Moselle.

lysent pas notre action par une surabondance de formalités plus ou moins restrictives et inutiles, des lois qui nous ouvrent largement les ressources nécessaires, sans réduire nos initiatives, sans détruire notre indépendance, et nous nous chargeons du reste. »

Les lois sur les habitations à bon marché ne manquent pas. Depuis 1906, elles se sont succédé presque d'année en année, sans pourtant réussir à satisfaire les vœux des intéressés, qui leur reprochent volontiers des concours tantôt trop timides et tantôt inopportuns, un formalisme étroit, des méthodes vexatoires, beaucoup de méfiance et parfois du mauvais vouloir.

Mais, pour préciser, il est bon que nous posions la question dans ses termes essentiels. Que faut-il apparemment pour favoriser et développer les habitations à bon marché?

Des *terrains* nombreux et d'accès facile;

Des *conditions d'existence et de fonctionnement* qui favorisent leur formation et les opérations, au lieu de les entraver par des exigences et des charges d'un formalisme excessif;

Enfin et surtout, de l'*argent* en abondance et à bon marché.

Reprenons, en quelques mots, chacun de ces desiderata.

Dès qu'une agglomération prend un développement important, dès que la spéculation entrant en jeu surélève partout le prix des terrains — c'est, en particulier, le cas de Nancy et, dans une moindre mesure, celui d'Epinal, — l'ouvrier qui veut construire doit s'éloigner du centre et rarement les communications sont suffisantes pour l'y ramener aisément et à bon marché, si son travail l'y appelle journellement. Nos villes se sont développées sans ordre et sans plan établi, et il en résulte qu'à mesure qu'elles s'étendent, le problème des communications faciles et rapides devient plus difficile à résoudre. Comme nous l'avons ici même fait remarquer plusieurs fois déjà, la question de l'habitation est intimement liée à celle de l'extension.

En outre, lorsque dans son prix de revient le terrain figure pour 1.000 ou 1.500 francs, quelle peine n'a point l'ouvrier qui construit et à quels calculs ne doit pas se livrer son entrepreneur, afin de rester dans les étroites limites fixées par la loi, et conserver le bénéfice des avantages assurés aux habitations à bon marché! Sans doute, le terrain est moins cher dans la banlieue, mais sans parler de la distance qui augmente la durée et le coût des déplacements journaliers, il y a les contributions, qui hors ville frappent davantage le petit contribuable, tandis que, d'autre part, les avantages scolaires et le bénéfice de l'assistance médicale et des lois sociales y sont beaucoup plus restreints.

La même difficulté se retrouve pour les habitations collectives destinées à la location simple. C'est la cherté des terrains qui impose la construction des cités-casernes, de préférence aux maisons individuelles ou à celles ne comportant chacune que deux ou trois logements. Ces cités elles-mêmes disposent d'une superficie trop restreinte pour comporter toutes les « aisances et dépendances » qu'appelle une agglomération de plusieurs centaines d'habitants : faute de terrains, on ne peut notamment leur adjoindre une grande cour plantée d'arbres et bordée de préaux, et leurs enfants sont condamnés à prendre leurs ébats dans la rue, pour le plus grand déplaisir du voisinage.

A l'intérieur de la ville, des espaces devraient être éclaircis par l'expropriation des quartiers insalubres et ensuite couverts de constructions destinées à l'habitation populaire. Faut-il, à ce propos, rappeler ici le projet exposé l'an dernier par la Société Industrielle de l'Est? En même temps qu'il assure au marché de la ville de Nancy le dégagement nécessaire et les communications indispensables avec la gare, ce projet comprend, à la place des taudis de la rue Clodion, une vaste cité, avec 278 logements, qui abriteraient, dans les meilleures conditions d'hygiène, 1.800 habitants. Mais, pour réaliser une telle entreprise, et toute entreprise du même genre, l'instrument légal fait présentement défaut : avec les dispositions de la loi de 1841 sur l'expropriation, qui favorisent les intérêts privés au détriment de l'intérêt public et ne réservent aucun moyen de réagir contre la coalition des prétentions les moins légitimes, les travaux d'assainissement sont tellement onéreux qu'aucun budget d'administration publique n'en pourrait supporter la dépense.

Les projets qui apportent à la loi de 1841 les modifications nécessaires se sont succédé depuis plus de vingt ans sans jamais être votés. Plus heureux, le projet de loi sur l'expropriation pour cause d'insalubrité, déposé par M. Siegfried, fut voté par la Chambre des députés, le 22 mars 1912, mais il n'a pu, depuis lors, aboutir au vote du Sénat. Enfin, M. Siegfried, reprenant un ancien projet, a déposé, le 28 novembre 1912, une proposition de loi concernant l'établissement des plans d'extension et d'aménagement des villes.

Les trois projets se tiennent l'un l'autre et sont également urgents: aussi longtemps qu'ils n'auront pas été adoptés, inutile de songer à l'exécution de ces conceptions de grande envergure, — telles que le plan d'extension de Nancy et le projet de transformation du quartier Saint-Sébastien, — qui renouvelleraient l'aspect de nos cités et, en portant le fer rouge sur la plaie des taudis infectieux, transformeraient les conditions généralement si défectueuses de l'habitation populaire, en même temps qu'à la périphérie ils assureraient le développement régulier, harmonieux et esthétique de la zone d'extension.

Aussi, à l'initiative d'où était sortie l'Exposition de la Cité Moderne, la Chambre de Commerce de Nancy et la Société Industrielle de l'Est n'ont-elles pu donner d'autre suite qu'un vœu tendant à la prompte adoption de ces projets (1). Mais, hélas! que peut-on espérer de notre machine parlementaire et comment triompher de l'incurable lenteur et de l'inertie constitutive dont elle fait preuve, dès qu'il s'agit de questions étrangères à la politique!

Ajoutons encore qu'à Nancy et dans la plupart des cités de quelque importance, il y aurait, pour compléter les effets de cette œuvre législative, une opération administrative dont la nécessité s'affirme

(1) *Exposition de la Cité Moderne* : compte rendu, *Les résultats*, p. 24.

en toute évidence : nous voulons parler de l'annexion de tout ou partie des communes suburbaines. Il est à peine besoin de remarquer quelle influence aurait cette annexion sur toutes les questions relatives à l'extension et à l'habitation.

Questions d'extension et questions d'habitation, avons-nous dit, se tiennent intimement. C'est en se consacrant aux premières que les municipalités de nos grandes villes peuvent rendre les plus grands services aux secondes, plutôt qu'en s'y engageant elles-mêmes. L'extension prévoyante et méthodique d'une grande ville est un devoir assez impérieux, elle entraîne des charges assez lourdes pour dispenser les municipalités de faire construire elles-mêmes des habitations populaires, comme la loi du 23 décembre 1912 leur en donne la faculté.

Nous ne faisons pas ici une revue d'une portée générale. Nous ne traitons pas notre sujet dans son ensemble et dans tous ses détails. Aussi, parmi les conditions et les formalités qu'ont à remplir, dans leurs opérations les diverses sociétés d'habitations à bon marché, nous n'en retiendrons qu'une seule, pour examiner les desiderata qu'elle appelle, dans notre région plus particulièrement : nous voulons parler de la valeur locative.

D'après la loi du 23 décembre 1912, la valeur locative des maisons individuelles est fixée à 4,75 du prix de revient réel, c'est-à-dire du prix de la construction, des honoraires de l'architecte, du prix du terrain couvert ou entouré par la construction (prix d'achat et frais). Cette valeur locative varie avec le nombre de pièces habitables et le nombre des habitants dans la commune.

A Nancy, la valeur locative d'une maison individuelle comprenant trois pièces habitables de 9 mètres superficiels, avec cuisine et water-closets, ne pouvait, suivant la loi de 1906, dépasser 390 francs, soit, charges déduites, 375 francs; les sociétés qui, comme le *Foyer Lorrain*, font payer un loyer de 3,75 p. 100 pouvaient donc faire construire des maisons de 10.000 francs. La nouvelle loi de 1912 permet d'aller jusqu'à 10.105 francs; elle se trouve n'avoir élevé la limite donnée que d'un centième seulement! Or, pendant le même temps, de 1906 à 1912, de l'aveu de M. Bonnevay, rapporteur de la loi à la Chambre des députés, l'accroissement du prix de revient est évalué à 30 p. 100. Bien mieux, d'après la nouvelle évaluation qu'a faite l'administration en 1910, pour la propriété bâtie, le taux de l'augmentation des valeurs locatives de 1900 à 1910 a été de 34 p. 100 pour le département de Meurthe-et-Moselle. A Nancy même et dans la banlieue, le prix du terrain a augmenté de 100 p. 100, 500 p. 100 et même 1.000 p. 100.

En raison de ces augmentations, il deviendra de plus en plus difficile de construire des habitations individuelles dans notre région, si la valeur locative fixée par la loi n'est pas modifiée de nouveau. Remarquons au surplus que cette nécessité s'impose également, bien que dans une moindre mesure, pour la valeur locative des habitations collectives.

On a proposé de ramener de 4,75 à 4 p. 100 du prix de revient la valeur locative des maisons individuelles. Nous préférons la solution qui du prix de revient exclurait la valeur du terrain couvert par la construction. En effet, ce qui distingue la maison ouvrière de la maison bourgeoise, ce n'est pas le prix du terrain — beaucoup d'ouvriers sont forcés de rester le plus près possible du centre des villes, — c'est l'aménagement de l'immeuble bâti. Mais, surtout, l'échelle adoptée par la loi est uniforme; or, en fait, la valeur locative varie d'une région, d'une localité à l'autre, avec le coût des travaux, et, plus encore, avec le prix des terrains (1). L'uniformité aboutit ici à une véritable inégalité devant la loi : si on ne peut ou ne veut établir une échelle régionale pour la valeur locative, du moins rétablirait-on dans une large mesure l'égalité nécessaire, en ne tenant compte que du prix de revient de la propriété bâtie (2).

Ce serait bien le cas d'exposer à quelles invraisemblables exigences aboutit le plus souvent la réglementation administrative qui gouverne les établissements publics, et, notamment, d'analyser, à titre d'exemple, le dossier et la correspondance relative à un prêt fait par la Caisse des Dépôts et Consignations. Mais ce serait nous engager dans des détails qui dépasseraient bien vite le cadre d'un exposé d'ensemble comme celui que nous voulons faire ici.

Il en est ici comme de toutes les autres immunités fiscales. L'Etat en proclame volontiers le principe, mais, en pratique, et en dépit des représentations les mieux justifiées, il ne tient nullement à en élargir la base légale, et moins encore à en faciliter l'application.

Arrivons enfin à la question d'argent, de toutes la plus importante. Les ressources financières dont peuvent disposer les entreprises d'habitations à bon marché sont-elles en rapport avec l'étendue de leur tâche? C'est ce que nous allons voir.

Dans une excellente brochure de propagande qu'il a publiée sous ce titre : *Le Cri de la France : Des Logements !* M. A. Augustin Rey s'exprime ainsi : « La valeur de nos constructions de toute nature pour l'ensemble de la France, représente une somme totale de 64 milliards 800 millions. Si on en défalque la valeur du terrain ainsi que des bâtiments servant aux usines ,on trouve, pour la valeur des maisons, un total d'environ 45 milliards. On peut estimer sans hésitation qu'à l'heure actuelle le cinquième de ce total, soit 9 milliards de constructions, sont à renouveler à peu près de fond en comble, et que ces constructions abritent, dans leur ensemble, près de *8 millions* d'habitants, chiffre qui correspond, du reste, avec la proportion de surpeuplement qui existe actuellement dans les habitations

(1) Cest ainsi qu'à égale distance du centre de la ville, la *Maisonnette*, société coopérative de Nantes, achète des terrains à 2 fr. 80, et 6 francs le mètre carré, tandis qu'à Nancy, le *Foyer Lorrain* paie 10, 15 et même 25 francs.

(2) Notons encore une autre inégalité, celle-là d'ordre général qui frappe le logement en maison individuelle. D'après tous les calculs, ce logement coûte un tiers ou un quart plus cher que la maison collective, or, dans l'échelle des valeurs locatives, la loi de 1906 ne tient compte de cet écart que pour un cinquième, et malgré les propositions faites, la loi de 1912 n'a rien modifié à ce sujet.

du pays. Cette population énorme se trouve dans des conditions hygiéniques absolument honteuses, dans des logements notoirement malsains et en insurrection manifeste avec la loi sur la santé publique du 15 février 1902. » On peut discuter ces chiffres, mais alors même qu'on réussirait à les réduire de moitié, voire même de deux tiers, il n'en apparaît pas moins que les fonds qui seraient nécessaires pour mettre fin au surpeuplement et renouveler les conditions du logement populaire, se montent à des centaines de millions, à des milliards. Qu'on reprenne chacune des ressources que la loi ouvre aux entreprises d'habitations, et on verra qu'elles ne sont que de minces filets en comparaison du réservoir où ces entreprises auraient besoin de s'alimenter (1).

Restons, pour le montrer, sur le terrain local et prenons l'exemple de Nancy. De l'enquête publiée en 1906 par le Ministère du Travail, il résulte qu'alors il n'y avait pas moins de 9.000 logements surpeuplés dans la ville. On peut admettre que, malgré l'accroissement de la population, le mal a plutôt diminué ou du moins n'a pas augmenté; le nombre des logements loués par les Sociétés d'habitations à bon marché — 250 environ — a doublé depuis lors, sans parler des maisons individuelles qu'elles ont construites, de même les nouvelles constructions privées, bien qu'ayant rarement pour objet le logement ouvrier, ont laissé des locaux vides dans les anciennes habitations et fait un peu de place aux habitants moins fortunés. Néanmoins, il n'y a, semble-t-il, aucune exagération à estimer que, pour faire disparaître tout surpeuplement et ne laisser dans les anciens quartiers qu'une population normale, vivant dans des conditions conformes à l'hygiène, il ne faudrait pas moins de 2.000 logements nouveaux, — habitations collectives ou maisons individuelles, — abritant 10.000 personnes : avec les terrains, ce serait une dépense minima de 10 à 12 millions. Et ce n'est pas tout : nos anciens quartiers comptent par dizaines, par centaines, des maisons qui datent de 150, 200 et même 300 ans, doublées de second et de troisième corps de logis et présentant dans chaque îlot une superficie bâtie presque continue. Que la loi sur l'expropriation pour cause de salubrité publique vienne enfin à être votée, une entreprise nouvelle s'imposerait à la sollicitude des Sociétés immobilières et de leurs dirigeants : il s'agirait d'acheter ou de louer à long terme les immeubles insalubres qui ne seraient pas expropriés par l'autorité publique et de les assainir. C'est là une initiative qui se pratique couramment à l'étranger (2), qui a déjà été essayée en France, à Rouen, à Lille,

(1) En 1912, le cinquième de la fortune personnelle que les Caisses d'Epargne pouvaient employer aux Habitations à Bon Marché était de 50 millions. Elles n'en avaient d'ailleurs réservé à cet emploi que 12 millions 1/2. Ajoutées aux 100 millions de la Caisse des Retraites, mis à la disposition des Sociétés de Crédit Immobilier, les sommes que peuvent consacrer les administrations charitables à l'habitation populaire n'atteindraient pas 300 millions, et elles sont loin de mettre quelque empressement à en faire un tel emploi! Sans doute, il y a le crédit, en principe illimité, des communes, qui peuvent faire construire elles-mêmes. Mais qui donc peut rêver de les voir s'engager dans cette voie aussi largement qu'il le faudrait pour aboutir à des résultats appréciables !

(2) Cette entreprise est surtout connue en Angleterre sous le nom d' *Œuvre de Miss Octavia*

où elle agit, sous le nom de « La grande famille », pour assurer le logement de familles nombreuses, mais sans pouvoir prendre une suffisante extension, faute de facilités légales. Ainsi compris, l'assainissement par initiative privée exigerait encore plusieurs millions dans notre ville. Il n'y a donc aucune témérité à évaluer à quinze millions la somme minima qui serait nécessaire pour assurer une habitation hygiénique aux familles ouvrières de la population nancéienne.

On pourrait étendre ce calcul aux autres villes de la région et, aux résultats obtenus, ajouter les sommes qui seraient nécessaires pour répondre à la pensée de M. Ribot, l'auteur de la loi de 1908, pour introduire et développer dans les campagnes les Caisses de crédit immobilier. Dans les campagnes surtout, et pour des raisons que nous ne pouvons exposer ici, le prêt hypothécaire fait à titre privé devient de plus en plus difficile, et il en résulte une grande difficulté pour le petit propriétaire rural, qui veut faire construire. Bref, ces quinze millions nécessaires à Nancy devraient être sans doute multipliés deux ou trois fois au moins, pour l'ensemble de la région, si, jouissant de toutes les facilités légales qui leur sont nécessaires, les entreprises de crédit et de constructions populaires se multipliaient, prenaient leur essor et remplissaient pleinement leur rôle.

Mais, comment assurer à ces entreprises le large crédit qui leur serait indispensable pour se développer?

La réponse a été donnée ici même, il y a tantôt deux ans. Comme l'exposait M. François Villain, dans une communication faite au Comité d'économie sociale de la Société Industrielle de l'Est, il faut, avant tout, se garder de poser la question sur le terrain de la philanthropie seulement.

Et c'est bien dans cette erreur qu'est tombée la loi de 1906, puisqu'elle refuse aux obligations des sociétés d'habitations à bon marché toute garantie au-dessus de 3 p. 100, et qu'elle interdit, pour les actions, tout dividende de plus de 4 p. 100, et toute rémunération aux administrateurs.

« Quand Harpagon, dit M. Villain, demandait à son valet de chambre de lui faire de la bonne chère avec peu d'argent, il ne faisait pas autre chose que ce que le législateur de 1906 a fait vis-à-vis des Sociétés d'habitations à bon marché. » Et la loi de 1912 n'a rien changé à cet égard.

Aux personnes mues par une pensée charitable de faire le premier effort et de souscrire, concurremment avec les établissements publics qui y sont autorisés, les actions des sociétés d'habitations et de cré-

---

*Hill*, qui en fût l'initiatrice. En Angleterre les principales sociétés pour l'amélioration des logements ouvriers (*Workmen improved dwellings*), sont celles de Londres, (Camberwel) de Leeds et de Glasgow. (Cf. W. Thomson-Housing Handbook, chap. XVI). Pour louer ou acheter à bon marché, ces sociétés trouvent dans le Housing Act de 1890, un appui qui serait bien désirable pour les initiatives qui sur ce terrain existent ou se préparent en France.

Ces facilités, seule une loi sur l'expropriation pour cause d'insalubrité publique peut les donner en faisant de l'interdiction d'habiter autre chose qu'une vaine menace, très rarement employée et exécutée.

dit. Mais les dizaines, les centaines de millions qui doivent alimenter les caisses de ces sociétés au fur et à mesure de leurs entreprises, ne peuvent être trouvés que sous la forme d'obligations offertes à la masse du public, à titre de placement et, par suite, réunissant les conditions de tout placement sérieux, c'est-à-dire un rendement suffisant et un large marché.

Les villes peuvent garantir aux capitaux engagés un intérêt de 3 p. 100 pendant dix ans seulement. Quelle garantie illusoire, de nos jours surtout, où l'argent est couramment recherché à 5 p. 100! Il faudrait que la garantie pût être de 4 p. 100 et même plus, si le loyer de l'argent l'exige, pendant toute la durée nécessaire pour amortir les titres. En échange de cette garantie, et à la fin de l'amortissement, c'est-à-dire dans un délai de soixante-quinze ans, la ville qui serait ainsi intervenue, deviendrait propriétaire des immeubles, soit seule, soit concurremment avec la société garantie, tout comme l'Etat, à l'expiration des concessions, deviendra propriétaire des réseaux de nos grandes compagnies.

Prenons un exemple, et suivant le calcul que nous avons fait, supposons qu'à Nancy dix millions soient nécessaires pour construire des habitations à bon marché. La ville donnerait aux obligataires une garantie complète, comme à ses propres créanciers, au taux de 4 p. 100, amortissement compris en soixante-quinze ans. Quels risques courrait alors la ville? Les capitaux placés dans les habitations à bon marché rapportent facilement 3,50 p. 100; s'il en est ainsi, la ville aura donc à faire un appoint de 0 f. 50 p. 100, soit, pour 10 millions garantis, un sacrifice annuel de 50.000 francs. N'oublions pas que ce sacrifice serait compensé par la propriété totale ou partielle des immeubles, après l'amortissement de l'emprunt. Et c'est avec cette subvention annuelle de 50.000 francs qu'on arriverait à loger 10.000 personnes (1) !

Le taux de l'intérêt n'est pas tout. L'argent qui se place aime à rester d'une réalisation facile. Il faudrait donc que les Sociétés immobilières ou de crédit pussent puiser à la même source, s'adresser à un même établissement, dispensateur de leur crédit, soit qu'on créât pour cela une grande institution spéciale, soit qu'on ouvrît un champ nouveau aux opérations du Crédit Foncier de France.

Il faut bien reconnaître que les législations de 1906 et de 1912 procèdent d'un esprit tout différent. On y sent le souci de l'Etat de garder, soit directement, soit par les diverses administrations, la haute main sur toutes les initiatives, et, pour ainsi dire, on y sent la peur de voir les entreprises d'habitations à bon marché devenir des entreprises « capitalistes ». Mais la réalité ne se plie pas aisément et nécessairement aux calculs de la politique. Pour mener à bien ces entreprises d'habitations à bon marché, il faut du capital, beaucoup de capital : or, pour avoir beaucoup de capital, il faut toujours en fin de compte, pouvoir faire appel à la petite épargne. Et qu'on le veuille ou non, il n'y a qu'un genre d'entreprises qui inspire confiance à l'épargne, c'est l'entreprise capitaliste, si on entend par là celle qui,

(1) Bulletin S. I. E., avril 1912, p. 20.

par sa direction et son organisation, dispose de moyens d'action suffisants et peut donner une suffisante garantie.

Jusqu'à ce jour, l'Etat, se chargeant de dispenser aux sociétés l'argent de ses caisses et de ses établissements, le fait avec ses procédés ordinaires, compliqués et méfiants, il les alimente avec un compte-goutte, alors qu'il leur faudrait le débit d'un robinet, contrôlé sans nul doute, mais largement ouvert et s'alimentant dans le grand réservoir de l'épargne populaire.

L'exemple donné par notre région de l'Est fournit, semble-t-il, une bonne contribution à l'étude de la question des habitations à bon marché : l'initiative des collectivités privées, sociétés anonymes ou coopératives, a fait ses preuves; pour agir et se développer, pour se répandre dans la région partout où il en serait besoin, elle ne demande qu'à être provoquée, encouragée, et c'est là, on le sait, le rôle attribué par la loi aux Comités de patronage des habitations à bon marché; mais, si répandues que nous supposions ces entreprises, leur initiative ne peut se suffire à elle-même; elle ne peut d'elle-même s'assurer les terrains et le crédit qui lui sont nécessaires. Il faut, de toute façon, l'intervention, le concours de l'autorité publique, tant de l'Etat que des communes; mais si cette intervention s'impose, elle ne doit pas paralyser l'initiative privée par un formalisme excessif et moins encore lui substituer les inventions hasardeuses du socialisme d'Etat ou du socialisme municipal. C'est ce qu'ont bien compris nos voisins de Belgique et de Hollande, en adoptant, pour les habitations à bon marché, le régime qu'ils ont appelé le régime de la « liberté subsidée ». Puissions-nous imiter leur exemple et aux solutions déformées par les préoccupations de la politique, préférer les solutions larges et pratiques que dicte le seul souci du bien public, éclairé par l'expérience et l'observation désintéressée ! (1)

---

(1) Rappelons en terminant que pour qui veut constituer une société d'habitations à bon marché, il y a intérêt à s'adresser à la Société française d'Habitations à bon marché, 9, rue de Solférino, Paris, pour toute question relative tant à constitution qu'au fonctionnement de l'entreprise.

Nous sommes d'autre part en mesure de préciser l'intérêt que peut avoir, comme nous l'avons indiqué plus haut, une société industrielle à créer pour les cités ouvrières qu'elle fait construire une filiale, société d'habitations à bon marché.

Prenons l'exemple d'une société qui doit consacrer 2 millions au logement de ses ouvriers. En constituant une filiale, que nous supposons au capital de 200.000 frs., avec 1.800.000 frs. d'obligations, elle s'assurera les avantages suivants ;

1° Les actes nécessaires à la constitution (et à la dissolution) de cette société filiale sont dispensés de timbre et enregistrés gratis. La dispense est surtout importante si la société mère apporte des terrains ou autres immeubles (point de droit de mutation, à 6,775 %, mais seulement droits de transcription à 0,25 %).

2° Point de droits de timbre sur les titres : soit à l'abonnement sur 2 milions $\frac{0{,}09 \times 2.000.000}{100} = 1.800^f$ par an (art. 40, loi du 29 mars 1914).

3° Point de taxe sur les revenus, intérêts ou dividendes ; soit sur 2 millions à 4 % $\frac{4 \times 2.000.000 \times 4}{100 \times 100} = 3.200^f$ par an.

4° Enfin la patente de la société industrielle se trouverait augmentée en raison de la construction et de la gestion des maisons ouvrières. Grâce à l'existence d'une filiale soumise au régime des sociétés d'habitations à bon marché, cette augmentation n'a pas lieu. Il y a là une économie importante et certaine, mais que nous ne pouvons préciser, le montant de la patente variant suivant les départements et les communes.

# BIBLIOGRAPHIE

Maurice HOLLANDE. — **La défense ouvrière contre le travail étranger. Vers un protectionnisme ouvrier.** — Un volume in-8° 324 pages. Paris, Bloud, 1913.

Si la question des tarifs douaniers, les problèmes du protectionnisme et du libre-échange tiennent une place capital dans les débats entre économistes, industriels, agriculteurs, il n'est pas étonnant qu'en général ils laissent le monde ouvrier assez indifférent. C'est notamment le cas des socialistes : peu leur importe, déclarent-ils, « de savoir si c'est à la sauce protectionniste ou à la sauce libre-échangiste qu'ils seront exploités ». Ou plutôt la question est toute tranchée en faveur du libre échange. Le régime des tarifs n'est-il pas le « régime du pain cher » ? A-t-on assez abusé chez nous, vers 1892, de la fâcheuse coïncidence qui fait rimer « Méline » avec « Famine » ! Au surplus, le socialisme étant par principe internationaliste, les barrières douanières n'ont pas à ses yeux plus de raison d'être que les frontières politiques.

Et pourtant, en attendant que la cité future, toute de justice, de bien-être et de liberté, vienne réaliser le rêve socialiste, il faut que chacun vive, vive de son travail et de ses salaires. Or, la concurrence étrangère ne raréfie-t-elle pas le travail et ne pèse-t-elle pas lourdement sur les salaires ? L'intérêt de l'ouvrier n'est-il pas ici d'accord avec celui de ses patrons ? Il existe, écrivait récemment un syndicaliste convaincu, une solidarité étroite entre l'intérêt patronal et l'intérêt ouvrier en ce sens que la main-d'œuvre ne pourra obtenir un salaire suffisant que si l'industrie est prospère (1). Il semble bien que, si étrangère qu'elle soit aux idées courantes dans le monde ouvrier, cette vérité fasse son chemin et qu'une évolution s'accomplit. C'est cette évolution qu'a entrepris d'étudier le jeune et distingué secrétaire de la Chambre de commerce de Reims dans la thèse qu'il a présentée pour le doctorat de droit; et son livre, récemment paru, fait de la question un exposé très complet. On peut même admirer l'ingéniosité avec laquelle, sans artifices, emploi abusif d'artifices ni d'expédients, l'auteur a su faire un fort volume avec ce qui eut fait normalement la matière d'une brochure ou d'un ou deux articles de revue.

Les dimensions qu'il a données à son travail l'ont amené à en élargir le cadre. Il retrace en commençant l'évolution des doctrines économiques, passant du libre échange doctrinal, en honneur vers 1860, au protectionnisme utilitaire, qui prédomine aujourd'hui. Peut-être s'attache-t-il trop aux théories allemandes et à leurs nébuleuses expressions. Parfois c'est à Auguste Comte qu'il emprunte son vocabulaire aussi abstrait que suranné : le bien-fondé du protectionnisme varie, paraît-il, suivant qu'il s'agit de sociétés *statiques* et de sociétés *dynamiques*, et cette distinction qui serait digne du pédantisme germanique, n'a d'autre but que de bien établir comme le fait ailleurs l'auteur en bon français, que le protectionnisme se condamne ou se légitimise par prétentions, suivant qu'il veut soutenir par des moyens artificiels des industries stagnantes et routinières ou qu'il tend à protéger contre les effets de la concurrence étrangère des industries d'avenir, encore insuffisamment développées, mais susceptibles d'une extension indéfinie (2).

---

(1) E. BUISSON. *La politique douanière de la classe ouvrière*, page 24.

(2) C'est toute la thèse développée avec tant de sûreté et d'autorité par notre distingué collègue de la Science Sociale, M. Léon Poinsard, il y a quinze ans déjà, dans un ouvrage intitulé : *La production, le travail et le problème social dans tous les pays au début du XX^e^ siècle*, 2 volumes in-8°, Paris, Alcan, éditeur. Nous regrettons que l'auteur n'ait pas fait figurer cet ouvrage dans l'abondante bibliographie qu'il a réunie : il en eût certainement tiré grand profit s'il l'eût connu.

Après cet exposé d'ordre général, l'auteur va aborder le fond même de son sujet et signaler les aspects quelque peu nouveaux et inattendus que prend la question douanière aux yeux des groupements ouvriers qui, en nombre bien restreint encore, et sous la pression des circonstances, ont affirmé dans ces dernières années des tendances nettement protectionnistes. Mais ici encore l'auteur recule les limites de son travail : « Ce n'est pas seulement, dit-il, contre l'invasion des *produits* étrangers que les ouvriers peuvent avoir à se protéger, c'est aussi, — et plus souvent encore peut-être, — contre la concurrence que leur font, sur leurs propres chantiers, les *ouvriers* venus de l'étranger. » Voici donc posée la question de la main-d'œuvre étrangère. Faut-il rappeler ici qu'un récent débat à la Chambre (25 juin 1914) lui a donné un regain d'actualité ? Tous les bons esprits reconnaissent, et M. Hollande ne les contredit pas, que ce n'est pas dans l'état actuel de notre natalité et avec les besoins que les entreprises industrielles ont de main-d'œuvre, que nous pouvons songer à nous passer des ouvriers étrangers; nous n'avons à nous en alarmer qu'autant que leur concurrence fait baisser le taux des salaires. C'est là, en France, un cas exceptionnel, et ce n'est certes pas le cas de notre région de l'Est, qui pourtant emploie les étrangers en si grand nombre.

Par ailleurs, si la défense contre les travailleurs étrangers rentre tout autant que la défense contre les produits étrangers dans le sujet qu'annonce le titre du livre, si c'est une forme non moins réelle de la défense contre le travail étranger, pourtant il faut reconnaître que les deux questions n'ont vraiment entre elles, qu'un lien nominal et, si je puis dire, une parenté d'occasion. Des ouvriers peuvent protester vivement contre l'invasion des ouvriers étrangers sur leurs chantiers et d'autre part rester enchaînés à cette conviction simpliste que le protectionnisme, c'est le pain cher, et le libre échange la vie à bon marché. De même l'agriculteur, l'industriel qui emploient bon nombre d'ouvriers étrangers, n'en seront pas moins d'ardents protectionnistes, du moment qu'il s'agit de mettre leurs entreprises à l'abri des coups de la concurrence étrangère, et ni l'un ni l'autre ne seront nullement embarrassés pour justifier leur pratique d'une part et leurs prétentions de l'autre. Au surplus, la meilleure preuve que les deux questions n'ont point entre elles une intime connexion, c'est que l'auteur lui-même ne se réfère plus nulle part à la première une fois qu'il revient à la seconde, et c'est de la seconde seule qu'il s'occupe dans ses conclusions.

Les pages les plus originales du livre et les plus nombreuses sont celles où l'auteur prend à son origine le mouvement qui se dessine dans le monde ouvrier et l'achemine vers le protectionnisme. A vrai dire, ce mouvement est rapidement arrivé à son terme aux Etats-Unis et en Australie, si là-bas les ouvriers sont nettement protectionnistes, si ce même mouvement fait des progrès en Angleterre, on en rencontre à peine encore quelques manifestations en France, à part le cas de quelques métiers plus particulièrement frappés par la concurrence étrangère, tels les sculpteurs sur bois de Paris, les verriers, les « soyeux » de Lyon. Mais il n'en a pas moins devant lui beaucoup d'avenir, si on en croit l'auteur, qui avec une confiance toute juvénile, s'engage ici dans une voie où nous nous garderons de le suivre. Les droits de douane, dit-il en substance, n'ont point par eux-mêmes, de répercussion générale et universelle sur les salaires. Le plus souvent le bénéfice en reste tout entier à l'employeur. La puissance qui renouvellera le sort de l'ouvrier est ailleurs : elle est dans la vertu bienfaisante des lois sociales dont l'Etat prend l'heureuse initiative, ou qu'il a l'heureuse mission d'élaborer et d'appliquer. Mais de telles initiatives ne seraient point sans danger en raison de la concurrence étrangère. Heureusement les droits de douane sont là qui réservent à la difficulté une solution aussi simple que naturelle. « ....Il est donc difficile d'être interventionniste en matière ouvrière, sans être en même temps protectionniste, au moins transitoirement. Seuls en effet les droits de douane à caractère compensateur pourront permettre à un pays de jouer, sans y risquer sa vie économique, le rôle glorieux de pionnier de la législation ouvrière, et si la France, en particulier, nourrit l'ambition de devenir le laboratoire dans lequel seront inaugurées les expériences de législation sociale que reproduiront ensuite d'autres pays, elle n'y réussira qu'à la condition de clore soigneusement les issues par lesquelles ne manqueraient pas de se glisser en foule les produits des nations à législation sociale arriérée. ....Ainsi, derrière la doctrine vieillie du *protectionnisme tout court*, combinaison d'intérêts particuliers, parfois même arme de monopole et d'injuste oppression, apparaît et se précise peu à peu une autre doctrine : celle du protectionnisme étroitement solidaire et auxiliaire du progrès social, lié aux intérêts les plus généraux d'un pays, préoccupé du sort des faibles autant que de celui des forts, et que, pour résumer ces différents caractères, nous appellerons simplement le *protectionnisme humain.* »

....Pour nous, dussions-nous passer pour un égoïste endurci et un sceptique impénitent, nous n'avons éprouvé aucune joie à la pensée de voir notre pays devenir un laboratoire d'expériences sociales. Dieu nous garde des entreprises du « protectionnisme humain ! ».

Néanmoins, si, pour terminer, l'auteur nous semble quelque peu s'égarer dans les nues, il n'est que juste de reconnaître les solides qualités dont il fait preuve tant qu'il reste sur la terre ferme. A l'encontre de tant de thèses qui ne sont que des compilations banales et même insipides, cette thèse a le grand mérite de se présenter comme un effort personnel, appuyé sur une documentation abondante et bien assimilée. Sans doute elle n'échappe pas à certains défauts de jeunesse, mais elle révèle chez son auteur une puissance de travail et une largeur de conceptions qui lui font honneur et qui sont pleines de promesses pour l'avenir.

G. H.

Comte de Canisy. — **L'ouvrier dans les mines de fer du bassin de Briey.** — Un vol. in-8. Paris, Jouve éditeur, 1914.

Comme le livre de M. Maurice Hollande, le livre de M. de Canisy sur l'ouvrier dans les mines de fer du bassin de Briey est une thèse présentée pour le doctorat de droit, et comme lui il dépasse le commun niveau des ouvrages de ce genre. C'est une enquête personnelle, consciencieusement suivie et très abondamment documentée.

Sans doute, la situation professionnelle de l'auteur, qui est ingénieur, lui a-t-elle beaucoup facilité la tâche, et ouvert bien des portes, qui pour d'autres fussent restées entrebaillées; peut-être aussi cette même situation l'a-t-elle parfois quelque peu gêné dans ses appréciations.

Quoi qu'il en soit, son livre est certainement le répertoire le plus clair et le plus complet qu'on puisse trouver sur la question. Mais cette question de la main-d'œuvre dans le bassin de Briey, l'auteur ne nous semble la résumer nulle part, pas même dans sa conclusion, en termes suffisamment précis.

La main-d'œuvre ne se trouvant pas sur place doit être recrutée d'éléments les plus divers. Elle est fournie principalement par une immigration en grande partie temporaire. Elle est surtout composée d'éléments d'un niveau social inférieur, et c'est à ces éléments inférieurs, mal formés à se gouverner eux-mêmes, et tous plus ou moins étrangers aux habitudes d'ordre et d'épargne, qu'on est amené, en raison surtout de la loi de l'offre et de la demande, à payer des salaires supérieurs. Les entraînements du milieu sont d'autant plus puissants et plus dangereux qu'ils agissent sur une masse ouvrière où dominent les célibataires et où les familles elles-mêmes arrivent rarement avec le fonds de qualités domestiques qui assurerait leur stabilité et leur prospérité.

La question ouvrière est donc ici non seulement une question de recrutement et d'installation, mais encore une question de moralisation. Les mines ont beaucoup fait, dans ces dernières années surtout, pour compléter autour de leurs entreprises l'installation ouvrière. Mais est-ce suffisant pour élever le niveau moral de familles? A vrai dire, la tâche apparaît aussi vaste que délicate, et sous ce rapport on ne peut que louer les initiatives récemment prises pour assurer à l'avenir l'enseignement ménager, à la condition toutefois que cet enseignement ne se borne pas à recommander des recettes, si excellentes soient-elles, mais qu'il obéisse à une large et féconde inspiration morale. Pour transformer les foyers, pour relever les familles, c'est à la femme qu'il faut d'abord s'adresser, et il faut malheureusement reconnaître que la femme et les filles du mineur ne trouvent rien autour d'elles qui les provoque au travail. L'auteur fait cette remarque, mais incidemment, dans sa conclusion, au lieu de faire de cette question si importante un commentaire spécial : « Dans l'industrie du fer, la seule de la région, dit-il, la nature du travail ou sa durée limitent partout l'emploi des femmes et des enfants et le rendent parfois impossible. Pour éviter les désordres qui naissent du désœuvrement, il est pourtant nécessaire que dans les familles chaque membre ait son occupation. Peut-être faudra-t-il dans ce but importer quelque industrie nouvelle, confections de dentelles, broderies, filet, etc., ou tout autre produit comme cela s'est fait ailleurs. » Assurément, mais le malheur est que tous ces travaux d'aiguille sont payés de salaires de famine qui ne peuvent en aucune façon tenter des familles où le père et les fils gagnent si largement leur vie. Nous sommes persuadé que cette question du travail des enfants avant dix-huit ans, des jeunes filles ou des femmes sans enfants, deviendra de plus en plus pressante à mesure que dans le pays minier se multipliera le nombre des familles.

Nous aurions voulu que M. de Canisy ne se limitât pas à des observations générales, mais qu'il fît prendre corps à la question ouvrière en donnant quelques exemples concrets, quelques monographies de familles ou d'individus isolés, que mieux que tout autre il était à même de connaître. Sa thèse, tout comme une thèse de médecine, aurait gagné à s'appuyer sur un certain nombre de cas particuliers spécialement décrits et analysés.

Le mérite de l'ouvrage ne perd rien aux quelques remarques que nous venons de faire : il se recommande à l'attention de tous ceux qui s'intéressent aux questions sociales dans l'industrie lorraine. Ajoutons enfin que si l'auteur a eu recours à tout ce qui a paru avant lui, il l'a fait avec une discrétion et une loyauté dont nous lui sommes personnellement reconnaissant. G. H.

Imprimeries Réunies de Nancy.

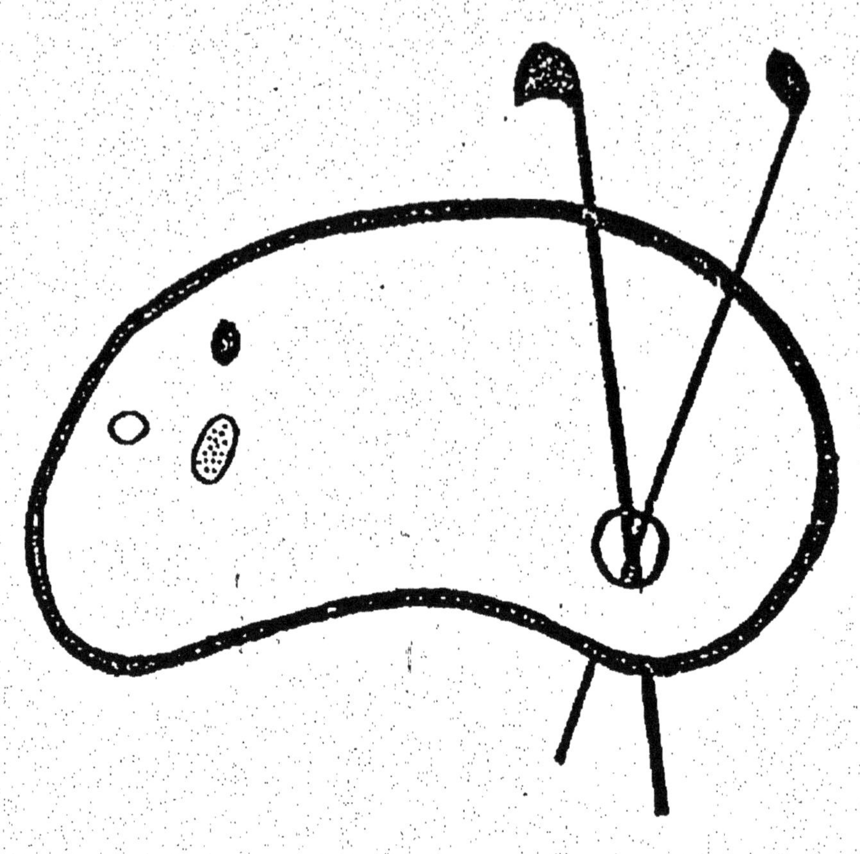

www.ingramcontent.com/pod-product-compliance
Ingram Content Group UK Ltd.
Pitfield, Milton Keynes, MK11 3LW, UK
UKHW020422230726
13925UKWH00004B/1559